矿山特种作业人员安全技术复审教材

矿井排水泵工(复审)

彭伯平 主编

中国劳动社会保障出版社

图书在版编目(CIP)数据

矿井排水泵工(复审)/彭伯平主编. —北京：中国劳动社会保障出版社，2007
矿山特种作业人员安全技术复审教材
ISBN 978-7-5045-6518-1

Ⅰ.矿… Ⅱ.彭… Ⅲ.矿山排水-矿山用泵-教材 Ⅳ.TD442
中国版本图书馆 CIP 数据核字(2007)第 168458 号

中国劳动社会保障出版社出版发行
(北京市惠新东街1号　邮政编码：100029)
出版人：张梦欣

*

北京金明盛印刷有限公司印刷装订　新华书店经销
850 毫米×1168 毫米　32 开本　5.25 印张　130 千字
2008 年 1 月第 1 版　2008 年 1 月第 1 次印刷
定价：11.00 元

读者服务部电话：010 - 64929211
发行部电话：010 - 64927085
出版社网址：http：//www.class.com.cn
版权专有　　　侵权必究
举报电话：010 - 64954652

编委会名单

主　任　闪淳昌

委　员　(按姓氏笔画排序)

丁　波　马玉平　尹贻勤　王红汉
王振东　王海军　冯文志　冯秋登
吕海燕　张玉凤　汪永贵　李玉南
李西京　李志祥　张贵金　李总根
周成武　杨国顺　林京耀　施卫祖
荆立新　殷　强　高永新　党国正
彭伯平　彭艳忠　彭新其　管延明

内 容 简 介

本书内容主要包括法律法规常识、矿井安全生产基本知识、排水泵工基础知识、水泵安全运行、排水事故案例分析等，是矿井排水泵工复审教材，也可供矿山企业有关专业技术人员和管理人员参考和使用。

本书由湖南安全技术职业学院彭伯平主编，李汉良、黄增良为副主编，张刚、肖丹、曾敏参与编写，李总根主审。

前　言

特种作业是指容易发生人员伤亡事故，并对操作者本人、他人及周围设施、设备的安全造成危害的作业。对于矿山这种高危行业来说，特种作业人员操作的正确与否对安全生产的关系十分重大。据统计，在各类矿山事故中，因作业人员违章操作和管理不善造成的事故约占事故总数的70%。实践证明，矿山特种作业人员的安全教育和培训工作是保障矿山生产安全的重要条件，是以人为本、标本兼治，必须做好抓实的重点工作。

《安全生产法》规定："生产经营单位的特种作业人员必须按照国家有关规定经专门的安全作业培训，取得特种作业操作资格证书，方可上岗操作。"《矿山安全法》也有相应的规定。为贯彻落实上述法律规定，全面提高矿山特种作业人员的整体安全技术素质和识灾、防灾、避灾自救的能力，预防和减少矿山事故的发生，我们特组织全国各有关矿山安全培训机构、大专院校与科研单位的专家、教授，以及生产一线的安全技术人员编写了"矿山特种作业人员安全技术培训考核统编教材"。

本套教材囊括了矿山特种作业的18个工种：瓦斯检查工、煤矿安全检查工、信号把钩工、电机车司机、空气压缩机操作工、井下爆破工、绞车操作工、测风测尘工、尾矿工、矿井排水泵工、通风安全监测工、矿山救护作业人员、井下电钳工、主提升机操作工、耙（装）岩机司机、通风机操作工、输送机操作工、电气设备防爆检查工；每一工种分为培训考核统编教材、复审教材和考试习题集3册；全套教材共计54册。

本套教材有以下突出特点：

一是权威性、规范性、科学性强。本套教材以国家煤矿安全监察局颁布的《煤矿安全培训教学大纲》、相关的新规程和新标准为主要编写依据，既全面介绍了矿山安全生产技术知识，反映了国家煤矿安全监察局关于矿山特种作业人员培训考核的最新要求；又注意了内容的创新，注意吸收矿山安全生产中的新理论、新技术、新装备、新工艺。

二是实用性、技能性、可操作性强。本套教材针对矿山特种作业人员的特点，本着少而精、实用、适用的原则，内容深入浅出，语言通俗易懂，形式图文并茂。为便于培训教学，每一工种都有配套的考试习题集。考试习题集的大题量、多题型也为各安全培训机构建立题库提供了有利的条件。

三是指导性、可读性、实效性强。培训教材在全面反映教学大纲要求的同时，插入了一定量的典型事故案例分析，便于学员对知识的理解；复审教材以事故案例为载体，融入安全技术知识，避免了与培训教材在内容上的重复，并注重增加新的法律法规和标准、新的事故预防理论和技术等新知识。

本套教材是全国矿山特种作业人员取得安全操作资格证的最佳培训教材与复审教材，还可作为矿山基层管理人员、工程技术人员及矿业院校相关专业师生的参考用书。

在编写过程中，我们得到了中国煤炭工业环保安全培训中心（兖矿集团安全培训中心）、平顶山煤业集团有限公司安全技术培训中心、湖南安全技术职业学院（长沙安全技术培训中心）、中钢集团武汉安全环保研究院的大力支持，在此深表谢意。

**"矿山特种作业人员安全技术
培训考核统编教材"编委会**

目 录

第一章 法律法规常识 …………………………………… (1)
  第一节 主要安全生产法律法规 …………………… (1)
  第二节 从业人员的权利和义务 …………………… (6)
  复习思考题 ………………………………………… (9)

第二章 矿井安全生产基本知识 ………………………… (10)
  第一节 矿井地质与矿井涌水 ……………………… (10)
  第二节 矿井主要生产系统 ………………………… (15)
  第三节 矿井主要灾害与防治 ……………………… (19)
  复习思考题 ………………………………………… (33)

第三章 排水泵工基础知识 ……………………………… (34)
  第一节 矿井排水系统 ……………………………… (34)
  第二节 矿用离心式水泵 …………………………… (50)
  第三节 水泵电气 …………………………………… (80)
  复习思考题 ………………………………………… (104)

第四章 水泵安全运行 …………………………………… (106)
  第一节 矿用水泵的安全操作与经济运行 ………… (106)
  第二节 《煤矿安全规程》的有关规定 …………… (128)
  第三节 水泵常见故障及处理 ……………………… (137)
  复习思考题 ………………………………………… (145)

第五章　排水事故案例分析 ……………………………（146）
　　第一节　排水事故综合分析 ……………………（146）
　　第二节　典型排水事故案例 ……………………（148）
　　第三节　排水事故的预防措施 …………………（156）
　　复习思考题 ……………………………………（158）
参考文献 ………………………………………………（159）

第一章 法律法规常识

第一节 主要安全生产法律法规

一、安全生产法律体系的基本框架

我国安全生产法律体系按照法律地位和法律效力由以下6个部分组成。

1. 宪法

宪法是国家的根本法，具有最高的法律地位和法律效力。宪法的特殊地位和属性，体现在以下4个方面。

（1）宪法规定国家的根本制度、国家生活的基本准则。如我国宪法就规定了中华人民共和国的根本政治制度、经济制度、国家机关和公民的基本权利和义务。宪法所规定的是国家生活中最根本、最重要的原则和制度，因此，宪法成为立法机关进行立法活动的法律基础，宪法被称为"母法""最高法"，但是宪法只规定立法原则，并不直接规定具体的行为规范，所以它不能代替普通法律。

（2）宪法具有最高法律效力。宪法具有最高法律权威，是制定普通法的依据，普通法的内容必须符合宪法的规定，与宪法内容相抵触的法律无效。

（3）宪法的制定与修改有特别程序。我国宪法草案是由宪法修改委员会提请全国人民代表大会审议通过的。

（4）宪法的解释、监督均有特别规定。我国1982年宪法规定，全国人民代表大会和全国人民代表大会常务委员会监督宪法的实施,全国人民代表大会常务委员会有权解释宪法。

2. 法律

广义的法律与法同义。狭义的法律特指由享有立法权的国家机关依照一定的立法程序制定和颁布的规范性文件。在我国,只有全国人民代表大会及其常务委员会才有权制定和修订法律,由国家主席签署主席令予以公布,如《安全生产法》《矿山安全法》《煤炭法》《职业病防治法》《劳动法》等。法律的地位和效力次于宪法,高于行政法规、地方性法规、自治法规和行政规章。法律在中华人民共和国领域内具有约束力。

3. 行政法规

行政法规是国家行政机关制定的规范性文件的总称。行政法规有广义和狭义之分。广义的行政法规泛指国家权力机关根据宪法制定的关于国家行政管理的各种法律、法规;也包括国家行政机关根据宪法、法律、法规,在其职权范围内制定的关于国家行政管理的各种法规。狭义的行政法规专指最高国家行政机关即国务院制定的规范性文件。行政法规的名称通常为条例、规定、办法、决定等,由总理签署国务院令公布,如《安全生产许可证条例》《煤矿安全监察条例》《国务院关于特大安全事故行政责任追究的规定》等。

行政法规的法律地位和法律效力次于宪法和法律,但高于地方性法规、行政规章。行政法规在中华人民共和国领域内具有约束力。这种约束力体现在两个方面:一是具有拘束国家行政机关自身的效力。作为最高国家行政机关和中央人民政府的国务院制定的行政法规,是国家最高行政管理权的产物,它对一切国家行政机关都有拘束力,都必须执行。其他所有行政机关制定的行政措施均不得与行政法规的规定相抵触。地方性法规、行政规章的有关行政措施不得与行政法规的有关规定相抵触。二是具有拘束行政管理相对人的效力。依照行政法规的规定,公民、法人或其他组织在范围内享有一定的权利,或者负有一定的义务。国家行政机关不得侵害公民、法人或者其他组织的合法权益；公民、法人或者其他组织如果不履行法定义务，也要承担相应的法律责任，受到强制执行或者行政处罚。

4. 地方性法规

地方性法规是指地方国家权力机关依照法定职权和程序制定和颁布的施行于本行政区域的规范性文件。地方性法规的法律地位和法律效力低于宪法、法律、行政法规，但高于地方政府规章。根据我国宪法和立法等有关法律的规定，地方性法规由省、自治区、直辖市的人民代表大会及其常务委员会在不同宪法、法律、行政法规相抵触的前提下制定，报全国人大常委会和国务院备案。省、自治区的人民政府所在地的市、经济特区所在地的市和经国务院批准的较大的市的人民代表大会及其常务委员会根据本市的具体情况和实际需要，在不同宪法、法律、行政法规和本省、自治区的地方性法规相抵触的前提下，可以制定地方性法规，报所在的省、自治区人民代表大会常务委员会批准后施行。

5. 行政规章

行政规章是指国家行政机关依照行政职权所制定、发布的针对某一类事件、行为或者某一类人员的行政管理的规范性文件。行政规章分为部门规章和地方政府规章两种。部门规章是指国务院的部、委员会和直属机构依照法律、行政法规或者国务院的授权制定的在全国范围内实施行政管理的规范性文件，由部门首长签署命令予以公布，部门规章不能同宪法、法律、行政法规相抵触。地方政府规章是指有地方性法规制定权的地方人民政府依照法律、行政法规、地方性法规或者本级人民代表大会或其常务委员会授权制定的在本行政区域实施行政管理的规范性文件。

6. 国际公约、国际条约

我国是国际劳工组织成员国，我国与外国签订的国际条约以及我国宣布承认或者参加的一些已经存在的国际条约、国际公约,也是我国法律规范的表现形式之一。如1994年10月27日全国人大八届十次会议批准,我国承认并实施的《170号公约》(作业场所安全使用化学品公约)和《177号建议书》(作业场所安全使用化学品建议书)。

二、主要安全生产法律法规

1.《中华人民共和国安全生产法》

2002年6月29日,第九届全国人大常委会第二十八次会议通过了《安全生产法》。该法共7章97条,包括总则(15条)、生产经营单位的安全生产保障(28条)、从业人员的权利和义务(9条)、安全生产的监督管理(15条)、生产安全事故的应急救援与调查处理(9条)、法律责任(19条)以及附则(2条)。

《安全生产法》主要规定了七项基本法律制度,即监督管理制度、企业安全保障制度、单位负责人责任制度、从业人员权利与义务、安全中介服务制度、事故应急救援和调查处理制度、安全生产责任追究制度。

《安全生产法》的五项基本原则是人身安全第一的原则,预防为主的原则,权责一致的原则,社会监督、综合治理的原则及依法从严处罚的原则。

2.《中华人民共和国矿山安全法》

1992年11月7日,第七届全国人大常委会第二十八次会议通过了《矿山安全法》。该法共8章50条,包括总则(6条)、矿山建设的安全保障(6条)、矿山开采的安全保障(7条)、矿山企业的安全管理(13条)、矿山安全的监督和管理(3条)、矿山事故处理(4条)、法律责任(9条)以及附则(2条)。

制定《矿山安全法》的目的是为了保障矿山生产安全,防止矿山事故,保护矿山职工人身安全,促进采矿业的发展。

3.《中华人民共和国煤炭法》

1996年8月26日,第八届全国人大常委会第二十一次会议通过了《煤炭法》。《煤炭法》共 8 章 81 条，包括总则（13 条）、煤炭生产开发规划与煤矿建设（8 条）、煤炭生产与煤矿安全（24 条）、煤炭经营（12 条）、煤矿矿区保护（5 条）、监督检查（4 条）、法律责任（14 条）及附则（1 条）。

《煤炭法》主要确立了 9 项法律制度，即煤炭生产开发规划制度、办矿审批制度、生产许可制度、安全管理制度、煤炭加工利用制度、煤炭经营管理制度、煤矿矿区保护制度、矿工的特殊保护制度和行业管理制度。

煤矿安全管理制度把我国在煤矿业多年以来行之有效的一些安全管理原则、规定上升到法律制度，利用国家强制力来保证实施。该制度规定了政府及其部门对煤矿安全生产工作的监督管理职责，明确了企业主要负责人的安全生产责任制，还明确了安全教育与安全培训、紧急情况的处理、工会对安全的职责和权利、劳动保护用品、安全器材及装备、井下作业职工的意外伤害保险等基本要求。

4.《安全生产许可证条例》

《安全生产许可证条例》于 2004 年 1 月 7 日经国务院第 34 次常务会议审议通过，温家宝总理 2004 年 1 月 13 日签发国务院 397 号令予以公布，自公布之日起施行。《安全生产许可证条例》共 24 条。

《安全生产许可证条例》是我国第一部对煤矿企业、非煤矿矿山企业、建筑施工企业和危险化学品、烟花爆竹、民用爆破器材生产企业实施行政许可的行政法规。这部行政法规注重法律制度的建设和创新，依法确立了安全生产许可制度，填补了我国安全生产制度的一项空白。

《安全生产许可证条例》的施行，对于建立安全生产许可制度，依法规范企业的安全生产条件，强化安全生产监督管理，预防和减少生产安全事故，必将发挥重要作用。

5.《煤矿安全监察条例》

《煤矿安全监察条例》是国务院根据我国煤矿安全监察体制改革和现阶段煤矿安全监察工作的需要，为了促进我国煤矿安全状况根本好转而制定的行政法规。该《条例》的出台，解决了煤矿安全监察机构及其监察人员的法律地位的问题，规范了煤矿安全监察行为，规定了煤矿安全监察行政处罚的种类，为保护合法权益，促进煤矿安全生产，改进煤矿安全管理工作提供了依法行政的依据。

第二节 从业人员的权利和义务

一、从业人员的人身保障权利

1. 获得安全保障、工伤保险和民事赔偿的权利

《安全生产法》明确赋予了从业人员享有工伤保险和获得伤亡赔偿的权利，同时规定了生产经营单位的相关义务。《安全生产法》第四十四条规定："生产经营单位与从业人员订立的劳动合同，应当载明有关保障从业人员劳动安全、防止职业危害的事项，以及依法为从业人员办理工伤社会保险的事项。生产经营单位不得以任何形式与从业人员订立协议，免除或者减轻其对从业人员因生产安全事故伤亡依法应承担的责任。"第四十八条规定："因生产安全事故受到损害的人员，除依法享有获得工伤社会保险外，依照有关民事法律尚有获得赔偿的权利的，有权向本单位提出赔偿要求。"第四十三条规定："生产经营单位必须依法参加工伤社会保险，为从业人员缴纳保险费。"

2. 得知危险因素、防范措施和事故应急措施的权利

生产经营单位特别是从事矿山、建筑、危险物品的生产经营单位，往往存在着一些对从业人员生命和健康有危险、危害的因素，直接接触这些危险、危害因素的从业人员往往是生产

安全事故的直接受害者。许多生产安全事故从业人员伤亡严重的教训之一，就是法律没有赋予从业人员获知危险因素以及发生事故时应当采取应急措施的权利。《安全生产法》第四十五条规定"生产经营单位从业人员有权了解其作业场所和工作岗位存在的危险因素、防范措施及事故应急措施，有权对本单位的安全生产工作提出建议。"

3. 对本单位安全生产的批评、检举和控告的权利

从业人员是生产经营单位的主人，他们对安全生产情况尤其是安全管理中的问题和事故隐患最了解、最熟悉，具有他人不能替代的作用。只有依靠他们并且赋予必要的安全生产监督权和自我保护权，才能做到预防为主，防患于未然，才能保障他们的人身安全和健康。关注安全，就是关爱生命，关心企业。《安全生产法》第四十六条规定："从业人员有权对本单位安全生产工作中存在的问题提出批评、检举、控告；有权拒绝违章指挥和强令冒险作业。"

4. 拒绝违章指挥和强令冒险作业的权利

在生产经营活动中经常出现企业负责人或者管理人员违章指挥和强令从业人员冒险作业的现象，由此导致事故，造成大量人员伤亡。因此，法律赋予从业人员拒绝违章指挥和强令冒险作业的权利，不仅是为了保护从业人员的人身安全，也是为了警示生产经营单位负责人和管理人员必须照章指挥，保证安全，不得因从业人员拒绝违章指挥和强令冒险作业而对其进行打击报复。《安全生产法》第四十六条规定："生产经营单位不得因从业人员对本单位安全生产工作提出批评、检举、控告或者拒绝违章指挥、强令冒险作业而降低其工资、福利等待遇或者解除与其订立的劳动合同。"

5. 紧急情况下的停止作业和紧急撤离的权利

由于生产经营场所存在不可避免的自然和人为的危险因素，这些因素将会或者可能会对从业人员造成人身伤害。《安全生产

法》第四十七条规定:"从业人员发现直接危及人身安全的紧急情况时,有权停止作业或者在采取可能的应急措施后撤离作业场所。生产经营单位不得因从业人员在前款紧急情况下停止作业或者采取紧急撤离措施而降低其工资、福利等待遇或者解除与其订立的劳动合同。"

二、从业人员的安全生产义务

《安全生产法》不但赋予了从业人员安全生产权利,也规定了相应的法定义务。作为法律关系内容的权利与义务是对等的。没有无权利的义务,也没有无义务的权利。从业人员依法享有权利,同时必须承担相应的法律义务。

1. 遵章守规、服从管理的义务

《安全生产法》第四十九条规定:"从业人员在从业过程中,应当严格遵守本单位的安全生产规章制度和操作规程,服从管理。"根据《安全生产法》和其他有关法律、法规和规章的制度,生产经营单位必须制定本单位安全生产的规章制度和操作规程,从业人员必须严格依照这些规章制度和操作规程进行生产经营作业。

2. 正确佩戴和使用劳动防护用品的义务

按照法律、法规的规定,为保障人身安全,生产经营单位必须为从业人员提供必要的、安全的劳动防护用品,以避免或者减轻作业和事故中的人身伤害。正确佩戴和使用劳动防护用品是从业人员必须履行的法定义务,这是保障从业人员人身安全和生产经营单位安全生产的需要。《安全生产法》第四十九条规定:"从业人员在作业过程中,应当正确佩戴和使用劳动防护用品。"

3. 接受安全培训,掌握安全生产技能的义务

不同行业、不同生产经营单位、不同工作岗位和不同的生产经营设施、设备具有不同的安全技术特性和要求。为了明确从业人员接受培训、提高安全素质的法定义务,《安全生产法》第五十条规定:"从业人员应当接受安全生产教育和培训,掌握

本职工作所需的安全生产知识,提高安全生产技能,增强事故预防和应急处理能力。"这对提高生产经营单位从业人员的安全意识、安全技能,预防、减少事故和人员伤亡,具有积极意义。

4. 发现事故隐患或者其他不安全因素及时报告的义务

从业人员直接进行生产经营作业,他们是事故隐患和不安全因素的第一当事人。如果从业人员尽职尽责,及时发现并报告事故隐患和不安全因素,并及时有效地处理,完全可以避免事故的发生和降低事故的损失。发现事故隐患并及时报告是贯彻预防为主的方针,加强事前防范的重要措施。《安全生产法》第五十一条规定:"从业人员发现事故隐患或者其他不安全因素,应当立即向现场安全生产管理人员或者本单位负责人报告;接到报告的人员应当及时予以处理。"

《安全生产法》第一次明确规定了从业人员安全生产的法定义务和责任,具有重要的意义。

第一,安全生产是从业人员最基本的义务和不容推卸的责任,从业人员必须具有高度的法律意识。

第二,安全生产是从业人员的天职。安全生产义务是所有从业人员进行生产经营活动必须遵守的行为规范。从业人员必须尽职尽责,严格照章办事,不得违章违规。

第三,从业人员如不履行法定义务,必须承担相应的法律责任。

第四,安全生产义务的设定,可为事故及其从业人员责任追究提供明确的法律依据。

复习思考题

1. 试述我国安全生产法律体系的基本框架。
2. 从业人员安全生产的权利有哪些?
3. 从业人员安全生产的义务有哪些?

第二章 矿井安全生产基本知识

第一节 矿井地质与矿井涌水

一、矿井地质

埋藏在地下的煤和其他矿产资源,都是地壳物质运动和各种地质作用的产物。因此,了解地壳物质运动的规律,认识煤炭资源的形成与各种地质作用的关系,了解煤层的性质及埋藏特征,是从事采矿工作必须具备的基本知识。

1. 地质作用、地壳的物质组成及地史的概念

地壳是煤及各种矿产资源形成和赋存的地方,各种矿产资源的形成和赋存与地壳的物质运动及演化有着密切的关系。

(1) 地质作用。地球在不停地转动,组成地壳的物质也在不停地运动着。在漫长的地质年代中,由于自然动力引起地壳物质组成、内部构造和地表形态变化与发展的作用称为地质作用。地质作用按其能源及作用场所可分为内力地质作用和外力地质作用。

1) 内力地质作用。由地球内部能量引起的地壳物质成分、内部构造、地表形态发生变化的地质作用,称为内部地质作用,它包括地壳运动、岩浆活动、变质作用和地震作用等。

2) 外力地质作用。它作用在地壳表层,主要是由地球以外的太阳辐射能、日月引力能等引起。它能使地表形态发生变化,使地壳表层化学元素产生迁移、分散和富集。按其作用方式可分为:风化和剥蚀、搬运和沉积、固结成岩等 3 种。

(2) 地壳的物质组成。地壳是由岩石组成的，岩石则是由一些细小的矿物颗粒组成。

1) 矿物。矿物是由一种或多种元素在地质作用下形成的，具有比较固定的化学成分和物理性质的自然产物。组成岩石的矿物，称为造岩矿物。主要造岩矿物通常有：石英、长石、云母、方解石、白云石、辉石、角闪石、菱铁矿、赤铁矿、褐铁矿、黄铁矿以及黏土矿物等20余种。

2) 岩石。岩石是矿物的集合体。组成地壳的岩石种类繁多，按照生成原因，可以将岩石划分为岩浆岩、沉积岩和变质岩三大类别。

(3) 地史的概念。地球形成已有45亿年以上的历史。为了便于研究，通常根据地壳运动及古生物的发展，将地球的历史从古到今划分为太古代、元古代、古生代、中生代和新生代五个大的时期。为了反映更短的时间间隔内地壳的变化，代以下又分为若干纪，纪以下又分为世。代、纪、世是国际统一的地质时代单位。

各个地质时代内，都有相应的沉积岩层形成。各个地质时代内所生成的地层相应地称为界、系、统，它是国际统一的地层单位。

地球的演变和发展历史，通常用地质年代表来概括。

2. 煤矿地质构造及其对安全生产的影响

沉积岩层和煤层在沉积时，一般都是水平或近于水平的，同时它在一定范围内的分布也是连续完整的。但由于后来受地壳运动的作用，使这些岩层的状态与位置发生变化，如由水平状态变成倾斜状态，甚至发生褶皱和断裂等，这种岩（煤）层受力，经构造变动后的形态，称为地质构造。煤矿地质构造的主要形式有：

(1) 单斜结构。岩（煤）层受地质作用力的影响，产生向一个方向倾斜的形态，这样的构造称为单斜构造。单斜构造往往是其他构造形态的一部分,或是褶曲的一翼,或是断层的一盘。

(2)褶皱构造。岩层受力后被挤成弯弯曲曲,但仍保持岩层的连续性和完整性的构造形态叫褶皱构造。

(3)断裂构造。岩层受力后发生断裂,出现断裂面,失去了连续性和完整的构造形态称为断裂构造。断裂面两侧岩层没有发生明显位移的称为裂隙或节理。当断裂面两侧的岩层发生了明显位移时,称为断层。断层对煤矿生产影响很大。根据断层两盘相对运动的方向,断层可分为正断层、逆断层、平移断层3种基本类型。

正断层:上盘相对下降,下盘相对上升的断层。

逆断层:上盘相对上升,下盘相对下降的断层。

平移断层:断层两盘岩块沿断层面作水平方向相对移动的断层。

(4)岩溶塌陷。岩溶是分布在石灰岩地层中,由流动的地下水对石灰岩地层进行溶蚀作用形成的。当煤层下部分布有可溶性的石灰岩、白云岩,并有发育的岩溶时,岩溶可能发生坍塌而引起上覆煤层和岩层垮落,破坏煤层的完整性。这种坍塌呈圆形的柱状体或底大顶小的圆锥体,称之为陷落柱。陷落柱给煤矿生产带来很大困难。

(5)岩浆侵入。岩浆侵入是指地壳中的岩浆侵入煤层。岩浆侵入煤层后,可使煤层全部或部分遭到破坏,煤质变坏,灰分增高,降低工业价值,煤的变质程度加深,甚至变成天然焦炭。

地质构造是影响煤矿安全生产最重要的地质因素,如冒顶、片帮、煤与瓦斯突出、透水事故等都与地质构造有关,所以在煤矿采掘过程中,遇到地质构造时要给予足够的重视。

二、矿井涌水

产生矿井涌水的两个必备条件是矿井水源和涌水通道。

1. 矿井涌水的水源

矿井涌水的水源有地面水和地下水两大类。

(1) 地面水源。地面水源主要指大气降水和地表水。

1) 大气降水。地表水在太阳热的作用下，蒸发成水汽，上升到空中，随着温度的降低便凝结成云，云再变成雨、雪、冰、雹降到地面，称为大气降水。这些水降到地面以后，一部分再蒸发上升到天空；一部分通过土层孔隙和岩层的细小裂隙渗透到地下，即形成地下水，地下水在岩层的裂隙中缓慢地流动着，这种流动的结果，又使地下水不断注入海洋与河流；剩下的一部分水顺地表流动，最后也注入海洋与河流。地表水和地下水这种不间断的运动和变化，称为自然界中水的循环。

从自然界中水的循环不难看出，露天矿充水的水源，直接来自于大气降水；地下开采的矿井充水水源主要也是来自于大气降水，但以渗透的形式补给地下水之后进入矿井。

大气降水是地下水的主要补给水源。降水量对矿井涌水的影响，对于分布于河谷洼地，并且煤层上部有透水层、溶洞、裂隙或塌陷裂缝的浅井较为显著，其影响具有明显的季节性。雨季矿井涌水量增大，旱季则相反。

2) 地表水。河流、湖泊、水库和塌陷地积水等地表水，可以通过井筒、塌陷裂缝、断层、裂隙、溶洞和钻孔等直接进入井下，也可以作为地下水的补给水源，使地下水经过与井巷连通的通道进入井巷，造成水灾。

(2) 地下水源。地下水是矿井水最经常、最主要的水源，而大气降水和地表水也是一般先补给地下水，然后再流入矿井。所以研究地下水的水量分布、补给条件、动态变化规律等，对分析矿井涌水极为重要。流入矿井的地下水，包括静储量和动储量两部分。

静储量是指岩石孔隙或裂隙中已存有的水量，而动储量是指由于矿井排水使静储量消耗下降和地表水不断补给地下水的储量。矿井开采初期流入矿井中的地下水，是以静储量为主，随着不断地排水，静储量不断地减少，甚至被疏干，这样矿井的排水费用也逐渐减少。若地下水的补给条件好，动储量大，则排水量长期不会减少，这就必须采取减少或截断其补给水源的方法来减少地下水的动储量，以减弱地下水对矿井充水的影响。

根据地下水的赋存状态和赋存位置的不同，可将矿井水分为以下几种：

1) 含水层水。地层中的砂层、砂岩和灰岩层等，往往含有丰富的地下水。当掘进巷道揭露含水层或回采工作面放顶后所形成的冒落裂隙与这些含水层相通时，含水层水就涌入矿井。含水层水一般都具有很高的压力，特别是当它与地面水源相通时，对矿井安全生产的影响较大。

2) 断层水。断层带及断层附近岩石破碎，裂隙发育，常形成构造赋水带。特别是当导水断层与强含水层或积水体相通时，如发生断层突水，就会形成水灾。

3) 老空积水。井下采空区或煤层露头附近的古井、小窑常有积水，如果开采时与之相通，就会发生突水事故。

另外，还有生产用水。煤矿生产过程中，如水采、除尘、煤体注水、防火注浆、水砂充填等，都要大量用水，如管理不善、排水不畅也可能引起水灾事故。

2. 矿井涌水通道

矿井涌水通道可分为人为形成的通道和天然形成的通道两种。

（1）人为形成的涌水通道有：

1) 顶板冒落裂隙带——顶板冒落形成导水裂隙。

2) 地表岩溶塌陷带——矿区开采后地表下沉，地表水和大气降水通过塌陷坑直接进入井下。

3) 封孔质量差的钻孔——打钻后封孔不严，钻孔成为各类含水层的涌水通道。

(2) 天然形成的涌水通道有：

1) 孔隙、裂隙——各种岩层中的节理、层理成为涌水通道。

2) 岩溶——岩石中的溶洞、孔洞成为涌水通道。

3) 断层破碎带——通过断层与含水层相连，断层破碎带成为涌水通道。

3. 矿井涌水量大小的划分

矿井涌水量是指单位时间内流入矿井中的地下水的体积，有正常涌水量和最大涌水量之分。正常涌水量是矿井开采期间单位时间内流入矿井的水量；最大涌水量是矿井开采期间正常情况下矿井涌水量的高峰值，主要与人为条件和降雨量有关。

根据矿井涌水量的大小，可把矿井划分为：

涌水量小的矿井——涌水量小于 100 m^3/h；

涌水量中等的矿井——涌水量为 100～500 m^3/h；

涌水量大的矿井——涌水量为 500～1 000 m^3/h；

涌水量极大的矿井——涌水量大于 1 000 m^3/h。

第二节　矿井主要生产系统

煤矿井下，采煤和开拓掘进为生产第一线。为了使采、掘生产顺利有序地进行，矿井必须有一系列的主要生产系统与其相配套。如通风系统、提升运输系统、供电系统、供排水系统、压风系统等，下面分别进行简介。

一、矿井通风系统

为了保证井下工作人员的正常呼吸，吹散煤（岩）体中涌出和生产过程中产生的有害气体及粉尘，必须不断向井下供给足够的新鲜空气。

《煤矿安全规程》规定矿井需要的风量应按下列要求进行计算，并选取其中的最大值：一是，按井下同时工作的最多人数计算，每人每分钟供给风量不得少于 4 m^3；二是，按采煤、掘进、硐室及其他地点实际需要风量的总和进行计算。各地点的实际需要风量，必须使该地点风流中的瓦斯、二氧化碳、氢气和其他有害气体的浓度，风速以及温度，每人供风量等符合《煤矿安全规程》的有关规定。

为了满足井下用风的需要，矿井必须有完备的通风设备、设施和系统，对井下进行连续通风。工程上将通风井巷、设备、设施和风流路线称为矿井通风系统。

1. 矿井通风方法

要使空气在井下流动形成风流，必须对其施加一定的能量。根据这种外加能量的来源不同，矿井通风有自然通风和机械通风两种。

（1）自然通风。靠矿井的自然条件促使矿井中空气流动的方法称为自然通风。如利用进、回风井内空气温度不同而引起的压差或借助自然风力促使空气流动达到通风的目的。自然通风风量的大小随气温而变化，而且风向也不稳定，甚至会出现矿井中完全没有风流的现象，这就不能保证安全生产的需要。因此，《煤矿安全规程》规定：矿井必须采用机械通风。

（2）机械通风。机械通风是利用通风机造成强力风流促使矿井中空气流动的通风方法。矿用通风机按结构不同分为离心式通风机和轴流式通风机两种。按通风机的功用分为主要通风机（供全矿井或矿井一翼或一个独立区域通风用的风机）、辅助通风机（辅助于主要通风机供下一个水平或采区通风用的风机）、局部通风机（供井下局部地点通风用的风机）。

根据主要通风机的工作方式不同，矿井的通风方式分为抽出式通风和压入式通风两种。

抽出式通风是将主要通风机安装在出风井口附近，通风机运转造成负压，井下风流从进风井口进入，从出风井口排出。压入式通风是将主要通风机安装在进风井口，通风机运转，把地面空气从进风井口压入井内，迫使井下空气从出风井口排出。

抽出式通风的矿井中，井下风流处于负压状态，一旦主要通风机停止运转，井下空气的压力就会提高，可以抑制采空区等处的瓦斯向外涌出，对矿井安全有利。而压入式通风则相反，一旦主要通风机停转，井下空气压力就会降低，导致采空区瓦斯大量涌出，使矿井安全受到威胁。因此，有瓦斯的矿井都应采用抽出式通风。

2. 进、出风井的布置方式

根据矿井的进、出风井相互位置关系，可以把进、出风井的布置方式分为中央式、对角式和混合式3种基本类型。

3. 通风网络

把井下所有生产巷道和工作面按一定形式联结起来，构成风流通路，并在风流通路上安设必要的控制和调节风流、风量的设施，以保证新鲜风流沿一定的井巷送至各用风地点，污浊空气能沿一定的井巷排至地面，这些相互联结的巷道网称为通风网络。通风网络的形式有串联和并联两种。

串联通风又称一条龙通风，是一个采掘工作面或硐室的回风又进入另一个采掘工作面或硐室。并联通风是采掘工作面或硐室的回风直接进入回风道，没有进入其他采掘工作面或硐室。

二、矿井提升运输系统

矿井提升和运输是生产过程中的重要环节，井下的煤和矸石要运到地面，井下生产需要的材料、设备等要从地面运到井下使用地点，以及人员的上、下井，都要由提升和运输系统来完成。

1. 煤炭运输

从工作面采落的煤经工作面刮板输送机—区段运输平巷

（运输顺槽）的带式输送机或刮板输送机—采区运输上山—采区煤仓—运输大巷—井底车场—主井箕斗（或矿车）提升到地面。

2. 设备、材料运输

下井所需的设备、材料在地面装车—副井—运输大巷—采区下车场—轨道上山—使用地点。井下回收升井的设备、材料的运输过程与上述相反。

3. 人员的上、下井

人员由副井罐笼（或斜井人车）下井，经大巷至采区，然后至工作地点。

4. 矸石运输

由石掘工作面装车—采区轨道上山—大巷—井底车场—副井罐笼（或矿车串车）提到地面。斜井开拓的矿井，副井提升通常采用串车提升。

三、矿井供电系统

矿山机械设备使用的动力，基本上都是电力，因此，矿井供电系统是矿井的一个重要环节。

矿井供电系统分为井下供电系统和地面供电系统两部分。矿井供电系统一般设有地面变电所、井下中央变电所、采区变电所、工作面配电点等。

矿山常用的供用电设备有变压器、电动机、各种高低压配电控制开关、各种电缆等。矿山常用的三相交流电额定电压有 110 kV、35 kV、10 kV、6 kV、1 140 V、660 V、380 V、220 V、127 V 等。

四、矿井供、排水系统

井下生产过程中需用水，如煤体注水、采空区注水或注浆、冲刷巷道、运输系统喷雾洒水降尘、采煤机和掘进机的喷雾降尘、液压支架用水等。同时，由于地表水、地下水等各种因素的作用，使井下巷道和工作面中经常出现淋水和涌水，即矿井水。矿井水必须及时排出地面，以防止发生矿井水灾。

为满足井下生产用水需要，必须设矿井供水系统。一般矿井供水系统为：在地面建储水池，储水池中的净水经井筒中的管路送到井下供水管路中，后经支管送到各用水地点。也有的矿井利用井下水直接供井下生产用水。

为把矿井水及时排出地面，必须安设矿井排水系统。

五、矿井压风系统

煤矿岩石井巷的开拓掘进普遍采用砼喷射机、风镐、风钻等风动机具，驱动风动机具的动力是压缩空气。因此，矿井必须设置压风系统，以向井下风动机具、井下压风自救系统及地面工厂等处的用风设备供给压缩空气。

矿井压风系统由空气压缩机、风包及井上下的送风管道组成。空气压缩机一般安装在地面井口附近的压风机房内，风包设在压风机房的室外。有的低瓦斯矿井，在井下主要进风道内安设移动式空气压缩机。空气压缩机产生的压缩空气经过风包平衡稳压后，利用送风管道送到井下各用风地点。

第三节 矿井主要灾害与防治

一、矿井瓦斯防治

矿井瓦斯是指煤矿井下从煤、岩层中涌出的以及生产过程中产生的以甲烷（CH_4）为主的有毒、有害气体的总称，有时单独指甲烷。甲烷是一种无色、无味的气体，比空气轻。风速较低时，瓦斯会积聚在巷道顶部及冒顶处上部，因此，必须加强这些地方的瓦斯检查和处理。瓦斯具有很强的渗透性，即在一定的瓦斯压力和地压力共同作用下，瓦斯能从煤岩体中向采掘空间涌出，甚至喷出或突出。

1. 矿井瓦斯的危害

矿井瓦斯给安全生产带来极大的威胁，主要表现在以下几方面。

(1) 井下空气中瓦斯浓度较高时,会相对地降低空气中氧气含量,使人窒息死亡。

(2) 发生瓦斯爆炸。瓦斯爆炸后产生高温,一般情况下温度在1 850℃以上;瓦斯爆炸后产生高压,一般爆炸后的压力可以达到爆炸前的9倍;瓦斯爆炸后产生正向及反向冲击,直接造成人员伤亡、设备损失、巷道破坏;瓦斯爆炸后产生一氧化碳等有害气体,使人中毒而亡;瓦斯爆炸要消耗大量氧气,使爆炸现场氧气浓度急剧下降,使人窒息而亡。

(3) 发生瓦斯突出。某些地区煤(岩)体内的瓦斯量较大时,瓦斯会因采掘活动的影响而以突然的猛烈的形式被释放出来,同时带出大量的煤(岩),直接造成人员伤亡,设备、设施或巷道的破坏。

2. 矿井瓦斯涌出量及瓦斯等级

(1) 矿井瓦斯涌出量。矿井瓦斯涌出量是指矿井在生产过程中实际涌进巷道的瓦斯量。表示矿井瓦斯涌出量的方法有两种。

1) 绝对瓦斯涌出量。单位时间内涌进采掘巷道的瓦斯量,称为绝对瓦斯涌出量,单位为 m^3/min 或 m^3/d。

2) 相对瓦斯涌出量。矿井(或采区)每生产1 t煤所涌出的瓦斯量,称为相对瓦斯涌出量,单位为 m^3/t。

(2) 矿井瓦斯等级的确定。《煤矿安全规程》规定:矿井瓦斯等级,根据矿井相对瓦斯涌出量、矿井绝对瓦斯涌出量和瓦斯涌出形式等进行划分,可以分为以下几种类型。

1) 低瓦斯矿井。矿井相对瓦斯涌出量小于或等于10 m^3/t,且矿井绝对瓦斯涌出量小于40 m^3/min。

2) 高瓦斯矿井。矿井相对瓦斯涌出量大于10 m^3/t 或矿井绝对瓦斯涌出量大于40 m^3/min。

3) 煤与瓦斯突出矿井。按照瓦斯涌出量的大小和瓦斯涌出的不同形式,将矿井划分成不同类型的瓦斯矿井,是为了便于矿井的开采设计、便于矿井的安全管理、便于矿井设备的选择和资金投入。

3. 瓦斯爆炸的条件及其影响因素

瓦斯爆炸的条件是一定浓度的瓦斯、高温火源的存在和充足的氧气,三者缺一不可。

(1) 瓦斯浓度。瓦斯爆炸有一定的浓度范围,通常把在空气中瓦斯遇火后能引起爆炸的浓度范围称为瓦斯爆炸界限。瓦斯爆炸界限为5%~16%,5%为爆炸下限,16%为爆炸上限,当瓦斯浓度为9.5%时,其爆炸威力最大(氧和瓦斯完全反应)。

(2) 引火温度。瓦斯的引火温度,即点燃瓦斯的最低温度。一般认为瓦斯的引火温度是650~750℃,存在的时间大于瓦斯引火感应期。

(3) 氧气浓度。当氧气在混合气体中的浓度低于12%时,混合气体中的瓦斯失去爆炸性。正确认识氧气浓度对瓦斯爆炸的作用,对密闭或启封火区,以及对封闭火区灭火时判断火区内有无瓦斯爆炸性均有指导意义。

4. 预防瓦斯爆炸的措施

瓦斯爆炸三个条件缺一不可,由于《煤矿安全规程》规定井下空气中氧气浓度不能低于20%,因此,预防瓦斯爆炸的有效措施,主要从防止瓦斯积聚和消除火源着手。

(1) 防止瓦斯积聚的措施。所谓瓦斯积聚是指瓦斯浓度超过2%,其体积超过$0.5 m^3$的现象。防止瓦斯积聚的方法有以下几种。

1) 加强通风。防止瓦斯积聚的最主要的措施是加强通风。建立一个完善合理的矿井通风系统,做到稳定、可靠、连续地向井下所有用风地点输送足够数量的新鲜空气,以保证及时排除和冲淡矿井瓦斯和粉尘,使井下各处的瓦斯浓度符合《煤矿安全规程》的要求。

2) 严格检查和监测井下瓦斯浓度。

3) 及时处理积聚瓦斯。《煤矿安全规程》规定：每一矿井必须从采掘生产管理上采取措施，防止瓦斯积聚。当发生瓦斯积聚时，必须及时处理，这是矿井日常瓦斯管理工作的重要内容，是预防瓦斯爆炸的关键工作。

4) 抽放瓦斯。对于采用一般通风方法不能解决瓦斯超限的矿井或工作面，可以采用抽放瓦斯的方法，将瓦斯抽至地面加以储存利用或排除。

（2）防止瓦斯引燃的措施。防止瓦斯引燃的原则是：禁止一切非生产需要的火源下井；对生产中可能发生的热源严加管理；防止热源产生或限制其引燃瓦斯的能力。

1) 加强明火管理。按照《煤矿安全规程》的规定：严禁烟火进入井下；井下严禁使用灯泡取暖和使用电炉；井下禁止打开矿灯；井口房、瓦斯抽放站及通风机房周围 20 m 内禁止使用明火；井下焊接时，应严格遵守有关规定；严格井下火区的管理等。任何人发现井下火灾时，应立即采取一切可能的办法直接灭火，并迅速报告矿调度室。

2) 消除电气火花。井下使用的电气设备及供电网路，都必须符合《煤矿安全规程》的有关要求。要保证电气设备的防爆性能完好，消除电气火花的产生。

3) 防止静电火源。

4) 防止摩擦火花。由于机械化程度的不断提高，机械摩擦、冲击火花引起的燃烧危险增加了。为防止由此而发生瓦斯爆炸事故，采取的措施有：在摩擦发热的部件上安设过热保护装置（如液压联轴器上的易熔合金塞）、温度检测报警断电装置；利用难引燃性合金工具；在摩擦部件的金属表面熔敷活性小的金属（如铬），使形成的摩擦火花难以引燃瓦斯。

5) 严格放炮制度。有瓦斯爆炸危险的煤层中，采掘工作面只准使用煤矿安全炸药和瞬发电雷管。在使用毫秒延期电雷管时，最后一段的延期时间不得超过 130 ms。打眼、放炮和封泥都必须符合《煤矿安全规程》的规定。严禁放糊炮、明火放炮和一次装药分次放炮。

二、矿井火灾防治

1. 矿井火灾的危害

火灾是矿山的五大自然灾害之一（五大自然灾害：水灾、火灾、瓦斯、煤尘和顶板）。井下发生火灾，不仅会造成资源的损失、设备设施的破坏，导致生产中断，而且更为严重的是会直接威胁矿工的生命安全。

矿井火灾的危害具体表现在以下几个方面：

(1) 井下发生火灾后，产生高温，致使火灾区域中的人员被烧而导致伤亡，同时产生大量的有毒有害气体，如一氧化碳、二氧化碳等会使人员窒息、中毒，严重威胁着矿工的生命安全。

(2) 引起瓦斯、煤尘爆炸。

(3) 产生再生火源。

(4) 产生火风压。火风压是指火灾产生的高温烟流流经有高差的井巷所产生的附加风压。火风压常会造成风流紊乱，使某些井巷的风流方向发生逆转现象，导致受灾范围扩大，容易使灭火人员陷入火区。

2. 矿井火灾的分类

根据发生火灾的原因不同，一般把矿井火灾分为两类：外因火灾和内因火灾。

(1) 外因火灾。外因火灾是指外部火源引起的火灾。外因火灾的特点是突然发生、火势凶猛、可防性差，可能发生在井下任何地点，但多数发生在井口房、井筒、机电硐室、火药库以及安装有机电设备的巷道或工作面内，如果不能及时处理，往往可能酿成重特大事故。

(2) 内因火灾。内因火灾又称自燃火灾，是指由于煤炭或其他易燃物自身氧化积热，发生燃烧引起的火灾。

3. 外因火灾的防治

外因火灾是由外部火源引起的火灾。外因火灾的发生和发展都比较突然，并伴有大量烟雾和有害气体，如处理不当，还可能引爆瓦斯、煤尘，造成人员伤亡和财产损失。目前，我国矿山中，虽然外因火灾所占矿井火灾总数的比例很小（4%～10%），但值得注意的是，随着机械化程度的提高，井下使用的机械和电气设备日益增多，机械能和电能转化的热所引起的火灾事故日益增多。因此，预防这类外因火灾非常重要。

(1) 防止火源的产生

1) 严格杜绝火源。严禁将烟火带入井下，严禁井下吸烟，井口房和通风机房附近20 m内严禁烟火，不准用火炉取暖。井下严禁使用灯泡或电炉取暖。

2) 井下和井口房内不得从事电焊、气焊作业，必须作业时要严格按《煤矿安全规程》的规定执行。

3) 地面木料场、矸石山、炉灰场与进风井的距离不得小于80 m。不得将矸石山或炉灰场设在进风井的主导风上风侧，也不得设在表土10 m以内有煤层的地面上或设在有漏风的采空区上方的塌陷范围内。

4) 严禁在井下存放用完后剩下的汽油、煤油和变压器油。

(2) 采用不燃性材料支护。新建矿井的永久井架和井口房，以井口为中心的联合建筑，井筒、平硐与各水平的连接处及井底车场，主要绞车道与主要运输巷、回风巷的连接处，井下机电设备硐室，主要巷道内带式输送机机头前后两端各20 m范围内，都必须用不燃性材料支护。

(3) 防止电气火灾。电气火灾是指发生在各种电气设备上的火灾，常因供电过负荷、电气元件接触不良、操作失误产生电弧火花引起。

预防电气火灾的措施是：机电设备应正确选用熔断器（片），坚持使用好检漏继电器，当电流短路、过载或接地时能及时切断电源；电缆接头必须使用防爆接线盒，严禁使用鸡爪子和羊尾巴接头；严禁违章使用和操作井下电气设备等。

（4）防止摩擦火花引起火灾。随着煤矿机械化程度的提高，必须做好井下机械运转部分的保养和维护工作，防止摩擦和冲击产生火花，引起火灾。

（5）防止火灾扩大

1）设置消防材料库。消防材料库的作用是储存消防材料以便发生火灾时迅速而有效地灭火。因此，每一矿井必须分别在井上、下设置符合要求的消防材料库。

2）设置防火门。在进风井口、井底车场与井筒连接处、部分专用硐室出口处等位置都必须设置防火铁门。防火铁门必须易于关闭严密，一旦发生火灾能及时关闭。

3）设置消防水池和井下消防水管系统。每一矿井必须在地面设置消防水池，在井下设置消防水管系统。

（6）外因火灾的灭火方法。工作人员发现井下火灾时，应视火灾性质、灾区通风和瓦斯情况，立即采取一切可能的方法直接灭火，控制火势，并迅速报告矿调度室。矿调度室在接到井下火灾报告后，应立即按《矿井灾害预防和处理计划》通知有关人员、组织抢救灾区人员和实施灭火工作。

常用的灭火方法有3种：直接灭火法、隔绝灭火法和联合灭火法。

1）直接灭火法

①清除可燃物。将着火带及附近已发热或正燃烧的可燃物挖除并运出井外。这是扑灭火灾最彻底的方法，但是采用这种方法的条件是：火灾处于初起阶段，涉及范围不大；火区无瓦斯、无煤尘爆炸危险；火源位于人员可直接到达的地点。

②用水灭火。用水灭火，简单易行，经济有效。其原理是：用强力水流把燃烧物的火焰压灭，使燃烧物充分浸湿而阻止其继续燃烧；水有很大的吸热能力，能使燃烧物冷却降温；水遇

火蒸发成大量水蒸气,能冲淡灾区空气中氧气的浓度,并使燃烧物表面与空气隔绝。因此,水有较强的灭火作用。

用水灭火应注意的问题是:供水量要充足,否则,高温火源会使水与碳发生化学反应,生成具有爆炸性的氢气和一氧化碳的混合气体(又称水煤气),带来新的危险;灭火人员一定要站在火源的上风侧,并应保持正常通风,回风道要通畅,以便将火烟和水蒸气引入回风道排出;当火势旺时,应先将水流射向火源外围,不要直射火源中心;水能导电,因此,用水扑灭电气火灾时,应先切断电源,然后灭火;不能用水扑灭油类火灾,因为水比油密度大,油浮在水的表面,可以随水流动而扩大火灾面积;灭火过程中,要随时检查火区附近的瓦斯、一氧化碳浓度。

③用砂子(或岩粉)灭火。把砂子(或岩粉)直接撒在燃烧物体上,能隔绝空气,将火扑灭。通常用来扑灭初起的电气设备火灾与油类火灾。

④用化学灭火器灭火。目前矿山使用的化学灭火器有两类:

a. 泡沫灭火器。使用时将灭火器倒置,使内外瓶中的酸性溶液和碱性溶液互相混合,发生化学反应,形成大量充满二氧化碳的气泡喷射出去,覆盖在燃烧物体上隔绝空气。在扑灭电气火灾时,应首先切断电源。

b. 干粉灭火器。目前矿用干粉灭火器是以磷酸铵粉为主药剂的。在高温作用下磷酸铵粉末进行一系列分解吸热反应,将火灾扑灭。目前适合于井下使用的干粉灭火器有灭火手雷和喷粉灭火器。

⑤高倍数泡沫灭火。远距离高倍数泡沫灭火是将高倍数起泡剂与压力水混合后在风扇的吹动下,经过两层锥形发泡线网,形成大量的泡沫涌向火源扑灭火灾。其原理是:泡沫遇到高温而蒸发成水蒸气,吸收大量的热,使温度迅速下降。同时,大量的水蒸气能降低火源周围空气中的氧气含量,泡沫又迅速包

围燃烧物,使火与空气隔绝而熄灭。

2) 隔绝灭火法。当井下火灾发展到不能直接被扑灭时,应在所有通往火区的巷道内砌筑密闭墙,使火源与外界隔绝,当火区内的氧气消耗完后,火灾自行熄灭。

在建筑密闭墙时,一般先建进风侧,后建回风侧。在有瓦斯涌出的火区,为防止瓦斯积聚,进、回风两侧要同时建筑密闭墙,同时封闭。对有发生瓦斯爆炸危险的火区,为保证救灾人员和建筑密闭墙人员的安全,应尽快地建筑一道防爆墙。防爆墙一般是指用砂子、黄土、炉灰等装在编织袋或麻袋内,建成的 5~6 m 厚的砂袋墙。

3) 联合灭火法。在单独采用一种方法达不到灭火目的,或灭火时间太长时,可将直接灭火法和隔绝灭火法联合起来运用,称为联合灭火法。

三、矿尘防治

1. 矿尘的产生及其危害

(1) 矿尘的产生。矿尘是指煤矿在建设和生产过程中所产生的各种矿物微细颗粒的总称。

矿尘按其成分可分为岩尘、煤尘和水泥粉尘 3 类。按其存在状态可分为浮尘和落尘,浮尘是悬浮于矿内空气中的矿尘,落尘是从矿内空气中沉落下来的矿尘。

(2) 矿尘的危害。矿尘具有很大的危害性,主要表现在以下几个方面。

1) 对人体的危害。人长期吸入矿尘后,轻者会患呼吸道炎症,重者会患肺尘埃沉着病(俗称尘肺病)。尘肺病是一种严重的矿工职业病,很难治愈,因其引起的矿工致残和死亡人数,在国内外都十分惊人。矿尘对人体的危害还有皮肤病、眼病和慢性中毒(因为矿尘中可能含有铅、汞等有毒粉尘)。

2) 煤尘在一定条件下可以爆炸。具有爆炸性危险的煤尘能够在完全没有瓦斯存在的情况下爆炸,对于瓦斯矿井,煤尘则有可能与瓦斯同时爆炸。

3）降低工作场所能见度，容易发生工伤事故。

4）加速机械磨损，缩短设备使用寿命。

2. 煤尘爆炸及预防

（1）煤尘爆炸的条件。煤尘爆炸必须同时具备3个条件：煤尘本身具有爆炸性，并在空气中有一定浓度；存在能引燃煤尘爆炸的热源；有足够氧气浓度的空气。

1）具有一定浓度的能够爆炸的煤尘云。有的煤尘具有爆炸性，有的则不具有爆炸性。具有爆炸性的煤尘只有在空气中呈浮游状态并具有一定的浓度时才能发生爆炸。

能形成爆炸的浮游煤尘浓度的范围，称为煤尘爆炸界限。试验表明，煤尘爆炸下限为 45 g/m^3，上限为 1 500～2 000 g/m^3。爆炸力最强的煤尘浓度为 300～400 g/m^3。

2）高温的热源。能够引燃煤尘爆炸的热源温度的变化范围是比较大的，它与煤尘中挥发分含量有关。我国煤尘爆炸的引燃温度变化在 610～1 050℃之间，烟煤一般为 650～900℃。煤矿井下能点燃煤尘的高温火源主要为：爆破时出现的火焰、电气火花、电弧、静电放电、冲击火花、摩擦高温、井下火灾和瓦斯爆炸等。

3）空气中的氧气浓度。空气中氧气浓度低于18％时，煤尘就不会爆炸。但必须注意，空气中氧气浓度减至18％以下时，并不能完全防止瓦斯与煤尘在空气中的混合物爆炸。

（2）预防煤尘爆炸的技术措施。预防煤尘爆炸的技术措施主要包括防尘措施、防止煤尘引燃的措施和隔爆措施3个方面。

四、矿井水灾防治

1. 矿井水灾的原因及危害

（1）矿井水灾的概念

1）矿井突水。井巷、工作面与含水层、被淹巷道、地表水体或含水的裂隙带、溶洞、洞穴、陷落柱、顶板冒落带、构造破碎带等接近或沟通而突然导致的出水事故，称为矿井突水（亦称矿井透水）。

2）矿井水灾。矿区内的大气降水、地表水、地下水通过各种通道涌入井下，称为矿井涌水。当矿井涌水量超过矿井正常的排水能力时，就会发生水灾。

凡是影响矿井正常生产活动、威胁矿井安全生产、增加生产成本和使矿井局部或全部被淹没的矿井涌水事故，均称为矿井水灾（亦称矿井水害）。

(2) 矿井水灾发生的条件。形成矿井水灾的条件：一是有涌水水源，二是有涌水通道（参考本章第一节）。

(3) 矿井水灾发生的主要原因。造成矿井水灾的原因是多方面的，归纳起来主要有：

1）地面防洪、防水措施不当。因对防洪设施管理不善，雨季山洪由井筒或塌陷裂隙大量灌入井下造成水灾。

2）水文地质情况不清。对老空积水、充水断层、陷落柱、钻孔、强含水层水量和水压等情况不清楚，因而在施工中造成水害事故。

3）井巷位置设计不合理。将井巷置于不良的地质条件中或距强含水层太近，导致透水。

4）乱采乱挖破坏了防水煤柱或岩柱造成透水。

5）排水能力未满足规程、规范的要求，排水设备失修，水仓不按时清挖，突水时，失去排水、蓄水能力而淹井。

6）没有执行"有疑必探，先探后掘"的探放水原则，或者探放水措施不严密，盲目施工造成突水淹井事故。

7）测量工作失误，导致巷道穿透积水区而造成透水。

8）出现透水征兆未察觉，或未重视，或处理方法不当而造成透水。

9）施工措施不力，工程质量低劣，致使井巷严重坍塌冒顶，导致地下水或地表水灌入矿井。

10）在水文地质条件复杂、有突水淹井危险的矿井，需要安设防水闸门而未安设，或防水闸门安设不合格以及年久失修关闭不严而造成淹井。

11）钻孔封闭不合格或没有封孔，成为各水体之间的垂直联络通道。当采掘工作面和这些钻孔相遇时，便发生透水事故。

(4) 矿井水灾的危害。矿井水灾的危害具体表现在以下几个方面：

1）如果排水系统不完善，会造成涌水四溢，巷道到处是泥水，使作业环境恶化，给安全生产和文明生产造成不利影响。

2）顶板淋水、煤壁渗水，使巷道内空气湿度加大，影响职工的身体健康。

3）矿井水量越大，排水费用越高，不仅增加生产成本，而且增加了排水管理工作的难度。

4）矿井水对机器设备和金属材料产生腐蚀作用，缩短其使用寿命，增加生产成本。

5）矿井涌水量一旦超过排水能力或突然涌水，轻则造成井巷或采区被淹，重则造成人员伤亡和财产损失，甚至矿毁人亡。

2. 地面防治水

地面防治水是指在地面修筑一些防排水工程，防止或减少大气降水和地表水涌入工业场地或通过渗漏区流入井下，它是保证矿井安全生产的第一道防线，这对于以降雨和地表水为主要涌水来源的矿井尤为重要。对于雨季受水威胁的矿井，应制定雨季防治水措施，并应组织抢险队伍，储备足够的防洪抢险物资。井口及工业场地内建筑物的高程低于当地历年最高洪水水位时，必须修筑堤坝、沟渠或采取其他防排水措施。

必须根据本矿区的地形、地貌及当地气候条件，采取适当措施，防止地面水灌入井下。主要措施有：修筑排洪渠、河床铺底和填堵陷坑、河流改道、井口及工业广场修筑堤坝、疏导水路等。

3. 井下防治水

防治矿井水灾的原则，是在保证矿井安全生产的前提下，以防为主，防治结合。矿井水灾的防治方法，可归纳为"查、探、放、截、堵、排"6个字的综合防治措施。

(1) 查明并掌握矿井的水文地质资料。水文地质资料是制定防水措施的依据。因此，必须查明矿井水源和可能涌水的通道，从而编制防治水计划，并组织实施。主要内容包括以下几个方面：

1) 收集地面气象、降水量与河流水文资料，查明地表水体分布、水量和补给、排泄等情况，查明洪水对矿井的影响程度。

2) 查明并掌握井田范围内冲击层、含水层的情况。

3) 查明并掌握断层和裂隙的分布情况。

4) 调查老窑和现采小窑的开采范围、采空区的积水和分布状况。

5) 掌握采后顶板破碎及地表陷落情况。

(2) 井下探水。"有疑必探，先探后掘"是采掘工作必须遵循的原则，也是预防井下水害事故发生的重要方法。当采掘工作面接近有突水危险区域时，必须采用探放水方法，查明采掘工作面前方的水情，并将水有控制地放出，以保证采掘工作面安全生产。

(3) 放水（疏干）。掌握和探明地下水源之后，应采取一定的措施，有计划地将威胁性水源全部或部分放出，并排出地面。它是消除水患的有效措施之一。根据不同类型的水源，可采取不同的疏放水方法和措施。

(4) 截水。截水是利用水闸墙、水闸门和防水煤（岩）柱等物体，临时或永久地截住涌水，将采掘区与水源隔离，使某一地点突水不致危及其他地区、减轻水灾危害的重要措施。

1) 留设防水煤（岩）柱。在水体下、含水层下、承压含水层上或导水断层附近采掘时,在可能发生突水处的外围留设一定宽度的煤(岩)柱,以防止地表水或地下水溃入工作地点,形成水灾。在相邻矿井的分界处,必须留防水煤柱。矿井以断层分界时,必须在断层两侧留有防水煤柱。

2) 防水闸门。防水闸门一般设置在可能发生涌水需要堵截,而平时仍需运输和行人的巷道内。如:井底车场出入口、井下水泵房、变电所以及有涌水互相影响的区域之间,都必须设置防水闸门。一旦发生水患,立即关闭闸门,将水堵截,把水患限制在局部地区。

3) 水闸墙。在需要永久截水而平时无运输、行人的地点设置水闸墙,有临时水闸墙和永久水闸墙两种。临时水闸墙一般用木料或砖料砌筑,永久水闸墙采用混凝土或钢筋混凝土浇灌。

(5) 注浆堵水。注浆堵水就是将配制的浆液压入井下岩层空隙、裂隙或巷道中,使其扩散、凝固和硬化,使岩层具有较高的强度、密实性和不透水性而达到封堵、截断补给水源和加固地层的作用,是矿井防治水害的重要手段之一。当多个钻孔注浆形成隔水帷幕带时称帷幕注浆。矿井注浆堵水通常用于下列情况:

1) 当涌水水源与强大水源有密切联系,单纯采用排水的方法不可能或不经济时。

2) 井巷必须穿过一个或若干个含水丰富的含水层或充水断层,若不隔离水源就无法掘进时。

3) 涌水量大的矿井,为了减少矿井的涌水量,降低排水费用。

(6) 矿井防排水系统。目前,我国煤矿在防排水方面应用了许多新技术和新设备,例如,水泵自动化控制技术、密闭水泵房以及采用大孔径直通式排水孔分散排水等,均取得了良好效果。

我国在煤矿防治水探查技术方面,也有了很大发展,如水化学探查技术、地球物理探查技术。一些学者还提出了"煤矿排水、供水、生态环保三位一体结合"的管理模式。

复习思考题

1. 简述地质作用、地壳的物质组成及地史的概念。
2. 简述煤矿地质构造的主要形式。
3. 矿井涌水的水源有哪些?
4. 什么叫矿井地下水的静储量和动储量?
5. 简述矿井涌水的两个必备条件及矿井涌水的分类。
6. 什么叫正常涌水量?什么叫最大涌水量?
7. 简述矿井涌水的通道。
8. 什么叫低瓦斯矿井?什么叫高瓦斯矿井?
9. 简述矿井主要生产系统及其作用。
10. 简述瓦斯爆炸的条件。
11. 什么叫外因火灾?什么叫内因火灾?
12. 简述外因火灾的防治方法和灭火方法。
13. 简述煤尘爆炸的条件及预防措施。
14. 什么叫矿井突水和矿井水灾?
15. 简述矿井水灾发生的主要原因及防治措施。

第三章 排水泵工基础知识

第一节 矿井排水系统

一、矿井常见的几种排水方式简介

1. 压入式、吸入式及压、吸并存式排水方式

根据水泵吸水井的水位是否高于水泵吸水口位置来分,可分为压入式排水和吸入式排水两种排水方式。

(1) 压入式排水方式。压入式排水方式是指被排水的水面高于水泵的吸水口位置。

压入式排水时,被排水的水面高于水泵吸水口位置,水泵启动前,只需打开水泵吸水侧闸阀,水就会自动灌满泵体,水泵灌满水后,即可启动电动机,然后逐渐打开水泵排水侧的闸阀,水泵就可进行排水。压入式排水时,吸水管和水泵内不需要排空气,排水系统不需要安装真空泵、射流泵等引水装置,泵的吸水管路上也不需要安装底阀,启动非常方便。压入式排水,水泵内部存有一定的水压,水泵工作时一般不会产生气蚀现象,排水系统的效率也可得到较大的提高。

压入式排水的缺点是一旦发生泵房或水仓隔水墙漏水或垮塌、排水(供电)设备发生较大故障、操作人员操作失误等情况,就容易发生水淹泵房的重大安全事故。因此,压入式排水要求水仓周围岩层没有裂隙,泵房、水仓隔水墙和泵房的排水供电设备必须要有很好的可靠性,水泵司机必须要有很强的业务素质和工作责任心。这种排水方式一般较少采用,采用时要

进行可靠性论证,并要有确保排水安全的可靠措施。

(2) 吸入式排水方式。吸入式排水方式是指被排水的水面低于水泵的吸水口位置。

与压入式排水方式相比,吸入式排水方式具有安全性高,工作可靠等优点,在不发生全井重大供电等意外事故的情况下,一般不会造成水淹泵房事故。目前,我国矿山井下的排水大都采用这种排水方式。

吸入式排水方式的缺点是:水泵需要安装排真空装置或需要安装底阀和灌引水装置;排水系统的效率较压入式排水方式低;当水泵安装吸水高度不合理时,可能会导致水泵发生气蚀。

(3) 压、吸并存的排水方式。压、吸并存的排水方式是以泵房标高为准设有上、下两个水仓,上部水仓水位的高度比水泵吸水口位置高,下部水仓的水位高度比水泵吸水口位置低,上部水仓的水采用压入式排水,下部水仓的水采用吸入式排水。这样,既可以发挥压入式排水的优点,又可以发挥吸入式排水的优点,从而保证了泵房排水的安全。当压入式排水泵房发生故障时,就可以把上水仓的水放到下水仓,全部采用吸入式排水,一般不会造成水淹泵房事故。

2. 移动式和固定式排水方式

根据水泵位置是否移动来分,可分为移动式排水和固定式排水两种方式。

(1) 移动式排水方式。移动式排水方式是指水泵的位置随着工作面的移动或水位的变化而移动的排水方式。如排出立井、斜井掘进工作面的涌水以及排干被淹没的矿井、水平或局部下山的积水,但一般情况下只为矿井的局部排水服务。

(2) 固定式排水方式。固定式排水方式是指水泵的位置固定不变,矿井的涌水均由该泵房排出的排水方式。固定式排水方式是矿井的主要排水方式。固定式排水系统示意图如图 3—1 所示,吸水井内的水经底阀、吸水管进入水泵,经过水泵加压后，经由闸阀和逆止阀，再沿排水管路排至地面的流水沟。为了减小底阀对水流的阻力，提高排水效率，目前，大多数固定式排水系统中，均不采用底阀排水。

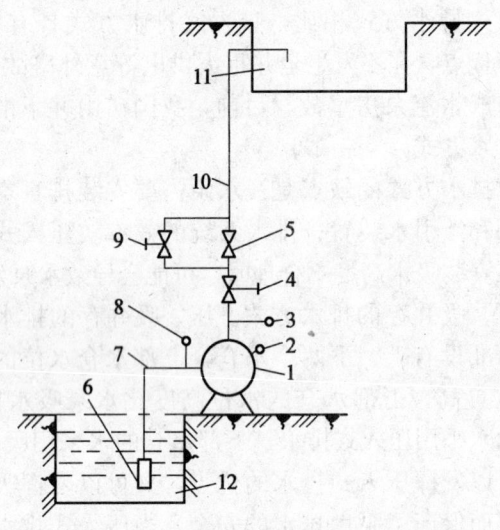

图3—1 固定式排水系统示意图
1—水泵及电动机 2—放气阀 3—压力表 4—闸阀
5—逆止阀 6—底阀 7—吸水管 8—真空表
9—放水阀 10—排水管 11—水池 12—吸水井

矿井固定式排水方式可分为集中式和分段式两种。

1）集中排水方式。集中排水系统示意图如图3—2所示。在竖井单水平开采时，可以将全矿的涌水集中于主排水系统的水仓中，然后由主排水系统集中排至地面，如图3—2a所示。在多水平开采时，如果上水平的涌水量不大，就可将上水平的水放到下水平的主排水系统水仓中，再由下水平主排水系统集中排至地面，如图3—2b所示，这样就可以省去上水平的排水系统，从而节省上水平排水系统的投资经费，减少管理环节，便于集中管理。但由于把上水平的水放到下水平后，又要将其往上排出，浪费了水的位能，增加了排水电耗。多水平开采时，有时也将各水平的水分别直接排至地面。

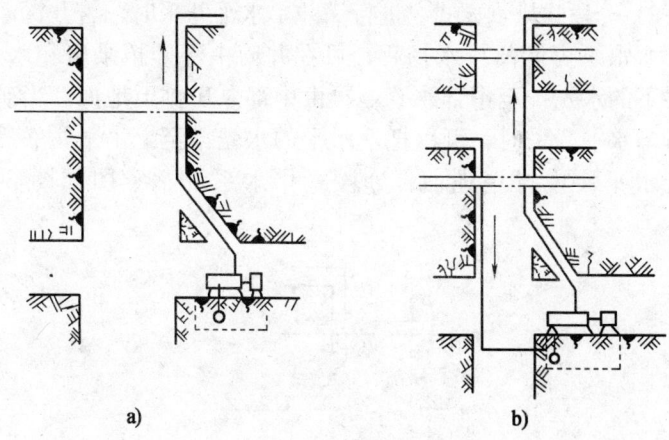

图 3—2 集中排水系统示意图

在斜井集中排水时，为了减少管材投资和管道的沿程损失，节约设备投资费用，节约排水电费，往往采用打垂直钻孔来安装排水管路进行排水的方式。斜井钻孔排水系统示意图如图 3—3 所示。

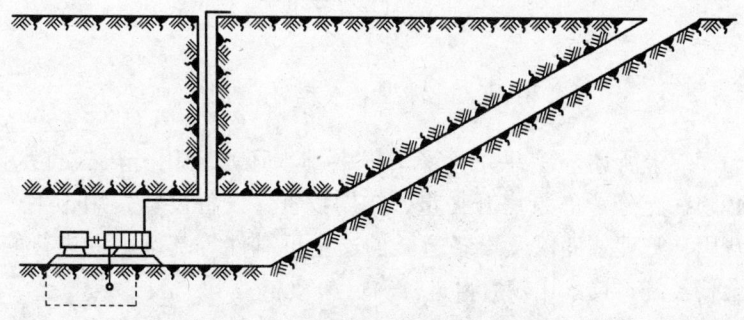

图 3—3 斜井钻孔排水系统示意图

集中排水系统巷道开拓量小，基建费用低，设备投资费用少,管路敷设简单,管理费用低,是我国矿井通常采用的排水方式。

2) 分段式排水方式。进行深井单水平开采时,若井深超过了单台水泵可能的排水扬程,可在井筒中部开拓泵房和水仓,把井下的水先排至中部水仓,再由中部泵房排至地面。当矿井进行多水平开采时,可以把下水平的水先排至上水平,然后再由上水平集中排至地面。分段式排水系统示意图如图 3—4 所示。

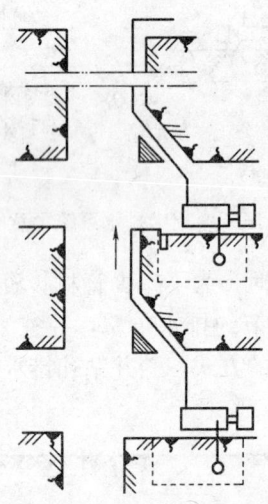

图 3—4　分段式排水系统示意图

综上所述,矿井究竟采用集中排水还是采用分段式排水,必须在充分考虑泵房开拓量、初期投资、设备投资费用、生产费用、管理条件以及设备运转的安全可靠性等基础上,进行安全、经济、技术比较后再进行确定。

二、矿井排水系统的组成

矿井排水系统由矿井排水硐室和排水设备、设施两大部分组成。矿井主排水硐室(在这里以主排水系统为例进行介绍)

主要由主排水泵房硐室、水仓、吸水井、配水巷道和管子道（管子间）组成；矿井排水设备、设施主要由水泵、闸阀、逆止阀、底阀、引水装置、水管、压力表、电动机、电缆、启动控制开关等组成。

1. 主排水泵房硐室

根据水泵吸水方式不同，主排水泵房硐室布置有吸入式和压入式两种方式。目前，我国矿井主排水系统一般采用卧式吸入式排水方式。吸入式主排水泵房硐室一般由水泵硐室、吸水井、配水巷道和硐室通道等组成。

如图3—5所示为具有3台水泵的硐室布置图。由水仓16来的水首先经过水仓篦子17、水仓闸阀13进入分水井15，再经分水闸阀12、14分配到各泵吸水井9中。分水井和吸水井内均有人员上下用的梯子，以便安装、检查、修理设备和清理水井用。吸水井口覆盖着用花纹钢板制作的盖板。

3台水泵各自都有吸水管3，它们共用两趟排水管，一趟工作，一趟备用。

泵房内设有运输设备的轨道21，轨道由通往泵房的人行运输道22敷入，另一端伸向倾斜管子道23内，以便当泵房有被水淹的危险时，关闭泵房防水门24后，能继续排水。在抢险排水时，可由井筒向泵房内输送设备，在万不得已的情况下亦可顺此轨道撤出各种设备。为便于起吊设备，在泵房内还装有起重梁20。起吊水泵电动机等超重设备所需的启动设备26可以安放在泵房内，或安放在泵房内专门的壁盒中，当采用综合启动装置时，综合启动装置可安放于泵房隔壁的变电所里。

（1）主排水泵房硐室尺寸。为了减小水泵房的宽度，水泵沿泵房硐室纵向单排布置。泵房的长度、宽度和有效高度可分别按如下公式计算：

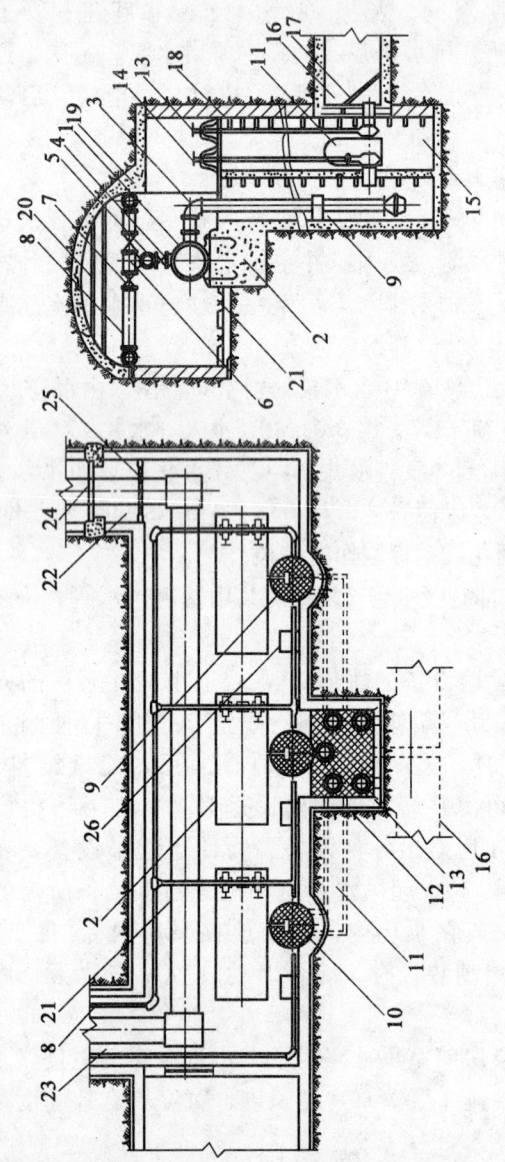

图3-5 具有3台水泵的泵房布置图

1—水泵 2—水泵基础 3—吸水管 4,7—闸阀 5—逆止阀 6—三通 8—排水管 9—吸水井 10—吸水井盖板 11—分水沟 12,14—分水闸阀 13—水仓闸阀 15—分水筒子 16—水仓 17—水仓闸阀 18—上下梯子 19—筒子支撑架 20—启动设备 21—轨道 22—人行运输道 23—管子道 24—防水门 25—大门 26—启动设备

1) 泵房长度

$$L = N_z L_j + a(N_z + 1)$$

式中　L——泵房长度，m；

　　　N_z——水泵总台数；

　　　L_j——单台水泵基础长度，m；

　　　a——两台水泵基础之间的距离，一般取 1.5～2.0 m。

2) 泵房宽度

$$B = b_j + b_1 + b_2$$

式中　B——泵房宽度，m；

　　　b_j——水泵基础宽度，m；

　　　b_1——水泵基础边到轨道一侧硐室壁的距离，以能通过最大设备为原则，一般取 1.4～2.2 m；

　　　b_2——水泵基础另一边到吸水井一侧硐室壁的距离，一般取 0.7～1 m。

3) 泵房高度。泵房高度指起重梁下边至泵房底板之间的高度，通常为 2.4～3.5 m，其具体数值依拆装设备的需要而定。泵房底板应比车场轨面高 0.5 m，以防突然涌水淹没泵房。

(2) 水泵房的安全装置及安全用具

1) 密闭门

①密闭门的设置依据。《煤矿安全规程》规定：主要泵房至少有 2 个出口，一个出口用斜巷通到井筒，并高出泵房底板 7 m 以上；另一个出口通到井底车场，在此出口通道内，应设置既能防水又能防火的密闭门。泵房通到井底车场或大巷的所有通道均必须设置密闭门。

②密闭门的作用。当水患威胁到水泵房的安全时，可以关闭密闭门，将水阻隔在水泵房以外，以便采取排水保井措施，确保泵房不被水淹，从而确保矿井安全；当水泵房发生火灾时，关闭密闭门，将泵房与外界隔绝起来，防止火灾蔓延和对矿井其他地方产生影响。

③密闭门硐室分类。根据密闭门所在通道铺轨与否,密闭门硐室可分为铺轨和不铺轨两种形式。

④密闭门规格。单扇密闭门有两种规格:900 mm 轨距为 1 800 mm×2 000 mm(宽×高);600 mm 轨距为 1 500 mm× 1 800 mm(宽×高)。

选用密闭门规格时,主要考虑井下主排水泵硐室的最大设备的通行要求。

⑤密闭门的保养维护。水泵司机必须加强对密闭门的日常检查维护,对转动部件经常加注润滑油,确保其运转灵活,加强防锈管理,保管好关闭密闭门的用具,发现问题及时处理或汇报,确保密闭门能发挥正常的作用。

2)防火、灭火安全装置。《煤矿安全规程》规定:井下机电硐室必须装设向外开的防火铁门,铁门全部敞开时,不得妨碍运输。铁门上应装设便于关严的通风孔。装有铁门时,门内可加设向外开的铁栅栏门,但不得妨碍铁门的开闭。从硐室出口防火铁门起 5m 内的巷道,应砌碹或用其他不燃性材料支护。硐室内必须设置足够数量的扑灭电气火灾的灭火器材。据此,井下中央变电所与主排水泵硐室通道之间,必须设置防火栅栏两用门。

①防火栅栏两用门

a. 作用:平时将防火铁门打开,栅栏门关闭,起到通风和警示的作用;发生火灾时,及时将防火铁门关闭,将变电硐室与外界隔绝起来,防止火灾蔓延和对矿井其他地方的影响,同时便于灭火。

b. 硐室要求:门框必须用强度等级不低于 C20 的混凝土砌筑,并用 M10 砂浆充填,巷道断面一般采用半圆拱;门框一般应预埋电缆导管,并用绝缘胶或沥青、树脂等将管内缝隙封闭,若有管道通过防火栅栏两用门时,可通过门框上端铁板开口解决。

c. 维护保养：水泵司机必须正确掌握防火栅栏两用门的作用和使用方法；加强对防火栅栏两用门的日常检查维护，对转动部件经常加注润滑油，确保其运转灵活，加强防锈管理，发现问题及时处理或汇报，确保防火栅栏两用门能发挥正常的作用。

②灭火器和防火砂。泵房内必须按有关规定配备充足数量的灭火器和防火砂，灭火器必须定期校验或更换，防火砂必须装袋，整齐摆放并挂好标示牌，水泵司机必须熟练掌握其正确的使用方法。

3）防护罩、栅栏及安全覆盖板。《煤矿安全规程》规定：容易碰到的、裸露的带电体及机械外露的转动部分必须加装护罩或遮栏等防护设施。因此，为了防止水泵电动机等外露的转动部分机械伤人、人员触电或人员跌落等安全事故的发生，水泵与电动机之间的联轴器处必须安装防护罩；有裸露带电体的地方必须在按规定留足安全距离的地方设置防护栅栏，吸水井四周、安装过水控制闸阀硐室的周围、高出泵房地板的工作平台四周等地方均须设置防护栅栏；吸水井、安装过水控制闸阀的硐室等也可以在其井口安装花纹履盖钢板作为安全防护。

4）警示牌板。《煤矿安全规程》规定：机电硐室入口处必须悬挂"非工作人员禁止入内"字样的警示牌，硐室内有高压电气设备时，入口处和硐室内必须在明显地点悬挂"高压危险"字样的警示牌。

另外，泵房和中央变电所内，必须备齐一些其他的警示牌，如进行停、送电时使用的"有人作业，不准送电""由此上下"警示牌等。

警示牌板的作用：起到提醒、指示和警示等作用，防止人员误入、误操作，杜绝触电和机械伤人等事故的发生，确保人身、排水供电设备及矿井排水的安全。

5）试电笔、接地线、绝缘手套、电工绝缘靴和绝缘台。《煤矿安全规程》规定：操作高压电气设备主回路时，操作人员必须戴绝缘手套，并穿电工绝缘靴或站在绝缘台上。

①作用：总的来说，是为了预防触电事故或供电事故的发生，确保人员的生命安全和排水供电系统的安全。具体来说，试电笔是用来检验供、用电设备是否带电的装置；接地线是在供、用电设备停电后开始进行检修之前用于将停电检修的设备与接地系统相连接的装置；绝缘手套、电工绝缘靴和绝缘台是水泵司机或电气设备操作人员操作高压电气时使用的安全用具，用以防止触电。

②保养维护：主排水泵房必须按规定配齐试电笔、接地线、绝缘手套、电工绝缘靴和绝缘台，定期对其进行校验，不符合要求的必须及时退出，立即补齐；摆放或悬挂整齐；水泵司机必须熟练掌握其正确的使用方法。

2. 水仓

水仓的形状与普通运输巷道相同，矿井的涌水最后均汇集于水仓之中，经水泵排至地面。水仓的作用一是储存矿井涌水；二是减小水流的速度，使矿井水中的泥沙得到沉淀，以利于水泵的工作；三是在涌水量不均匀或排水设备发生故障时，可以起到蓄水作用。

水仓应有主仓和副仓，以便轮换清理。水仓在使用期间应定期清理，每年雨季之前应把水仓全部清理干净。

3. 管子道、管子间

管子道是泵房与排水井筒直接连通的一条倾斜巷道（见图3—6），倾角一般为 25°～30°，排水管由此通道敷入排水井筒。通道与井筒连接处，有一段 2 m 长的平台，平台必须至少高出泵房底板 7 m。管子道内的排水管路架设在靠侧壁（或两侧）的管墩上，并用管卡固定。管子道中间敷设轨道，两条轨道之间用水泥、红砖（或混凝土）砌成行人梯子。当发生突然涌水淹没了井底车场和运输大巷等异常情况时，利用管子道作为安全通道，通行人员和搬运设备。

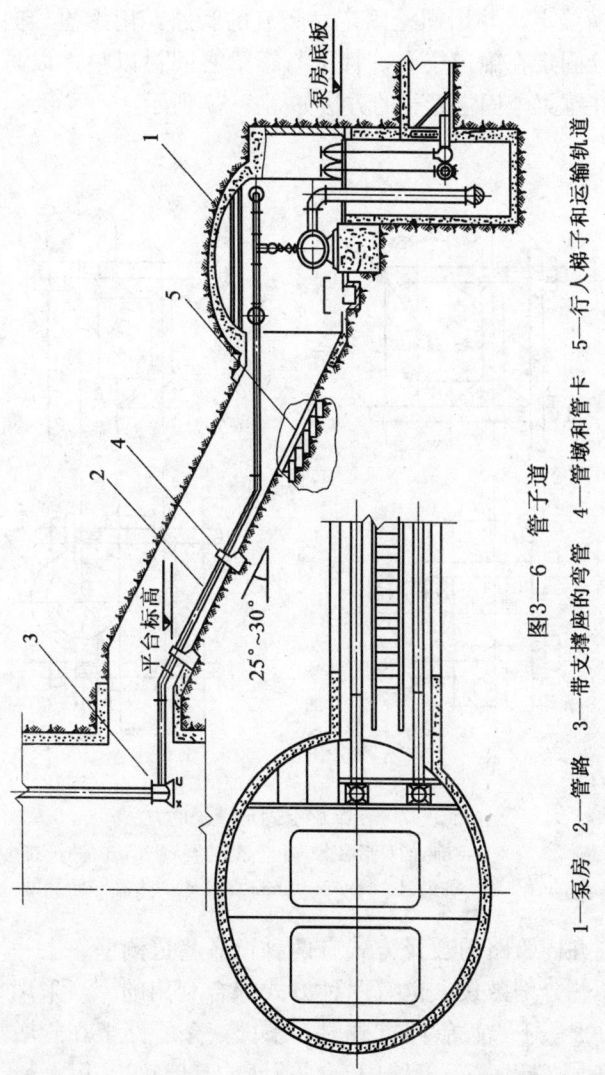

图3-6 管子道

1—泵房 2—管路 3—带支撑座的弯管 4—管墩和管卡 5—行人梯子和运输轨道

管子间是在竖井井筒中专门用于安装排水管路的空间。管路的最下端是一个带支撑座的弯头,它安装在两端预埋在井壁内的横梁上,并用螺栓固定。竖直的管路,用螺栓导向卡或钩形螺栓固定在罐道梁上,管子与罐梁之间衬以垫木以防挤伤管壁。在罐梁上固定管子的方法如图3—7所示。

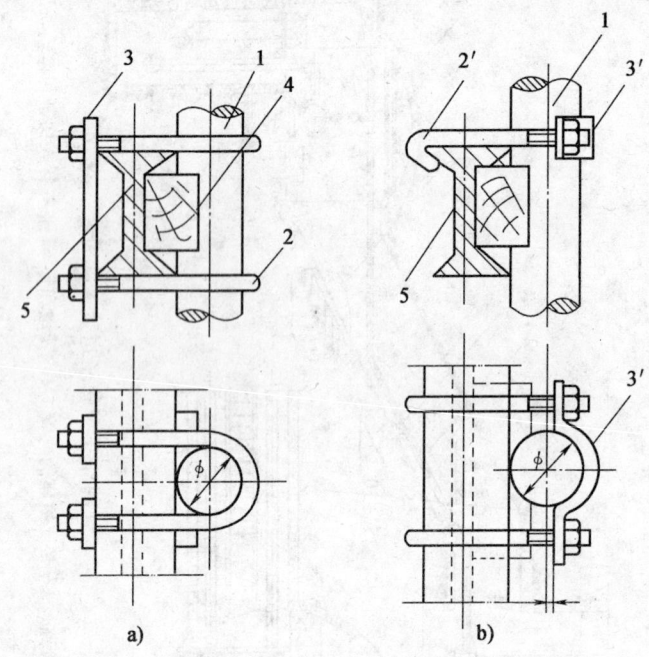

图3—7 在罐梁上固定管子的方法
1—管路 2—直径为16mm的U形螺栓导向卡 2′—直径为16mm的钩形螺栓导向卡
3—10×50 mm扁钢 3′—8×50 mm扁钢 4—垫木 5—罐梁

斜井内管路的敷设方式有两种：靠巷道侧壁一上一下敷设或靠两侧分别敷设,也有两种方式综合利用的。当采用靠巷道侧壁一上一下敷设管路方式时,下面一条管路架在管墩上（见图3—8）；上面一条管路固定在预埋的悬臂梁上并用管卡固定；管路最下部的弯头,可固定在管墩上或斜柱上。为防止管路下滑,每隔一段距离应设置一个向上的斜拉紧装置。

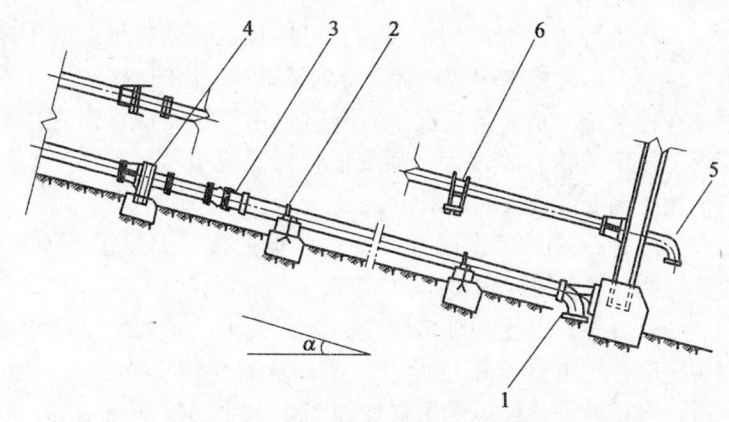

图 3—8 斜井内管路的敷设
1,5—支撑弯管 2—管墩卡子 3—伸缩补偿器
4—直支撑管 6—托梁及管卡

4. 排水管路

排水管路是由许多排水管采用各种连接方式连接起来的水流通道。矿井水从水仓进入吸水管，经水泵加压后，由排水管路输送到地面流水沟或某一指定位置。排水管路一般包括：排水管（含连接用的法兰、快速接头）、管件、伸缩管、管卡、固定管墩、其他附件（如灌水漏斗、旁通管、放气阀门、滤网、水管连接用螺栓、螺母、垫圈、密封垫子等）。

（1）排水管。排水管所用的材料有钢管、胶管、塑料管和铸铁管等。由于排水管要承受较高的压力（一般在 1～9 MPa 之间），而钢管具有较高的强度且焊接性能好，因此，在矿井主排水系统中常选用钢管作为主排水管路。钢管的种类较多，有无缝钢管、有缝钢管。而无缝钢管又分为冷轧（冷拔）无缝钢管和热轧无缝钢管，其材质一般为 10～45 碳素结构钢。每根钢管的长度，出厂时在 4～12 m 范围之间，特殊要求时也可以超过 12 m。

临时排水或排水扬程不高的场所可采用胶管排水。

塑料管具有质量小、强度高、耐腐蚀、便于搬运等优点，在一些排水场所逐渐得到了使用,可以预见,随着技术的不断进步,在今后的排水中塑料管会得到越来越广泛的使用。

在排水压力不高的情况下,有时也用一些铸铁管作为排水管。但由于铸铁管脆性大、强度低,在搬运中容易被损坏,故其使用范围受到较大的局限。

排水管路的常用连接方式有法兰盘连接、焊接接头连接、快速接头连接和螺纹连接4种。

(2) 管件。因受到环境限制、配管要求或者为了提高水管安装速度,排水管路在敷设过程中,常需要使用弯头、三通、四通、异径管等管件。常用管件如图3—9所示,其中图3—9a所示为90°法兰连接弯头;图3—9b所示为90°压制弯头;图3—

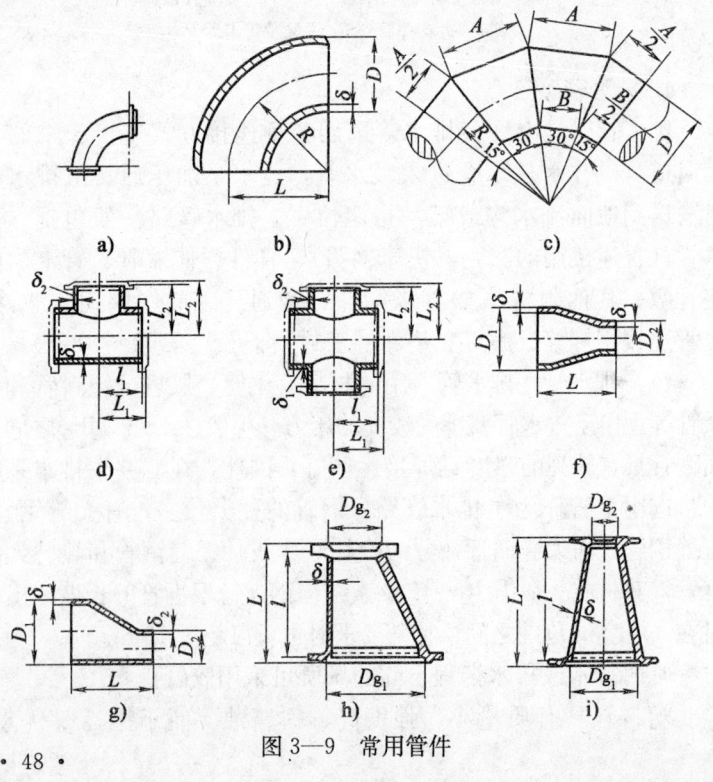

图3—9 常用管件

9c 所示为焊接弯头；图 3—9d 所示为三通；图 3—9e 所示为四通；图 3—9f 所示为压制同心异径管；图 3—9g 所示为压制偏心异径管；图 3—9h 所示为法兰连接偏心异径管；图 3—9i 所示为法兰连接同心异径管。

（3）伸缩管。如图 3—10 所示为伸缩管，伸缩管外体 1 与管路用法兰盘相连，它的内管 4 接在固定管墩上，1 与 4 之间的盘根 2 通过压紧盘 3 被压紧，起密封作用。当伸缩管外体侧的管路膨胀或收缩时，外体可以沿内管移动，从而起到防止热胀冷缩而引起管路变形的作用。

至于排水管中间是否加装伸缩管，应按充水状态下的水温变化，以及无水干管周围空气温度变化的幅度来决定。

（4）管卡。管卡是用来固定管道，防止管路弯曲变形的，但管路可以在管卡之间微量窜动。管卡应牢固地固定在所处位置。

在斜井中，可以采用 ϕ40 mm 左右的圆钢锚杆（用凿岩机在安装管道的巷道内坚固的矸石顶、底板或侧面上打眼，将圆钢锚杆打入眼内固定好）、带螺纹的拉杆及抱箍组合的装置作为管卡。

（5）固定管墩。固定管墩用于承载管道的质量，其结构和强度必须满足现场管路的实际要求，否则将使管道受到损坏。可以采用混凝土固定管墩（只能用于斜井或平巷中）、钢梁固定管墩等。

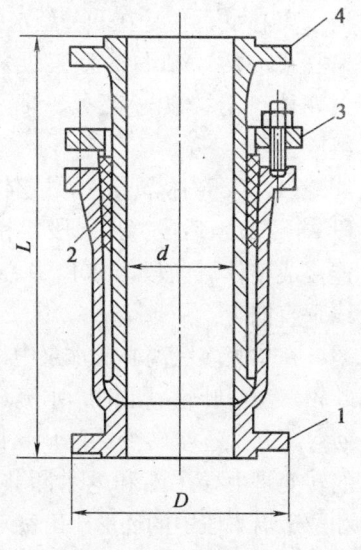

图 3—10 伸缩管
1—伸缩管外体 2—盘根
3—压紧盘 4—内管

第二节 矿用离心式水泵

一、矿用离心式水泵的结构

矿用离心式水泵种类繁多,结构各异,但不论何种型号的离心式水泵,它们的结构都大同小异。下面以 D 型离心式水泵、S 型单级双吸离心式水泵和 IS 型单级单吸卧式离心式水泵为例分别进行介绍。

1. D 型离心式水泵

D 型离心式水泵(简称 D 型水泵)是单吸、多级、分段式清水离心泵,它是在 DA 型水泵的基础上进行改进得到的。D 型离心式水泵(200D43 型三级泵)的结构如图 3—11 所示。它由泵壳体部分、转子部分、轴承部分、密封装置和平衡机构等组成。

(1) 泵壳体部分。泵壳体部分主要由轴承体、前段(进水段)、中段、后段(出水段)和导叶等部件组成,用螺栓将它们连接成整体。前段吸水口中心线呈水平方向,后段出水口中心线垂直向上。

在单吸多级离心式水泵中,水由进水段的吸入室均匀地进入叶轮,经由叶轮甩出时,水流具有相当大的动压,此项动压必须使它顺利地逐步转变为静压,以提高水泵的效率。D 型水泵动压的转变是由导水圈和返水圈共同组成的水泵中段(见图 3—12)和位于出水段中的环形压出室来实现的。导水圈由若干叶片组成,水在叶片间流道中通过,A—A 截面前的一段流道作用是接受由叶轮高速流出的水,并以均速送入 A—A 截面以后的流道,后一段流道断面逐渐扩大,因而流速降低,一部分动能转换为压力能。返水圈的作用是以最小损失把水引入次级叶轮入口。

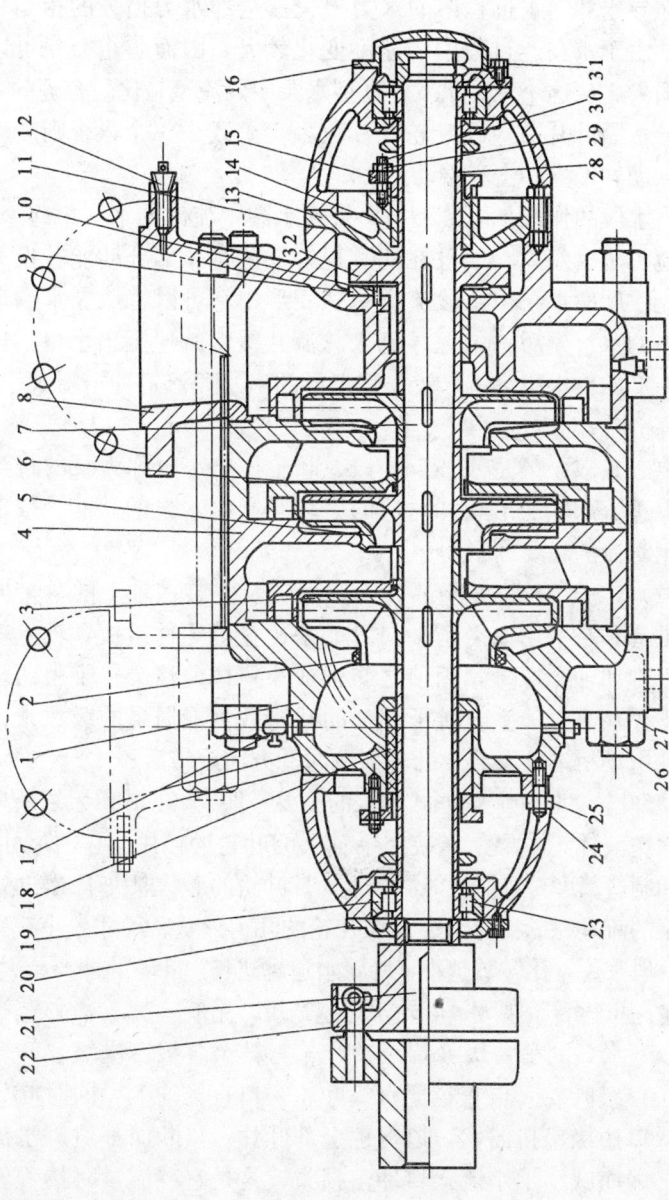

图 3—11 D 型离心式水泵的结构

1—进水段 2—密封环 3—叶轮 4—中段 5—纸垫 6—导叶套 7—泵轴 8—出水段 9—平衡环 10—螺钉 11—纸垫 12—四方螺塞 13—尾盖 14—填料 15—填料压盖 16—无孔端盖 17—气嘴 18—填料环 19—轴承体 20—有孔端盖 21—平键 22—弹性联轴器部件 23—滚柱轴承 24—双头螺栓 25—螺母 26、27—拉紧螺栓 28—轴承 29、30—压盖螺栓 31—螺栓 32—平衡盘在导水和返水过程中的水力损失占全部水力损失的相当一部分。由于水在此过程中的速度变化较大,因而防止突变可以减少损失。从这个观点出发,D型水泵中段流型是比较合理的。

导水圈叶片数应比叶轮叶片数多1个或少1个,否则会使流速脉动,产生冲击和振动。

出水段的作用是以最小损失将导水圈中流出的水汇集起来,均匀地引至出水口,而且在此过程中,还将一部分动能转换为压力能。D型水泵出水段流道呈螺壳形,它可以将从导水圈散流出来的水,先后均匀地导流入总流并缓慢减速至出水口。这种螺壳形的出水段流道,较非螺壳形的出水段流道冲击损失小,效率高。

离心式水泵的进水段、中段、叶轮、出水段称为泵的过流部件。过流部件的形状和材质的好坏是影响水泵的性能、效率和使用寿命的主要因素。

(2) 转子部分。转子部分主要由轴及安装在轴上的数个叶轮、轴套和一个用以平衡轴向力的平衡盘等零件组成,轴上零件用平键和轴套螺母紧固使之与轴成为一体,整个转子由两端轴承支撑在泵壳体上,转子部分的叶轮数目根据泵的级数来确定。从电动机端往泵看,叶轮为顺时针方向旋转。

1) 叶轮。叶轮是离心式水泵的主要零件。离心式水泵之所以能够输送液体,主要是靠装在泵轴上的叶轮的作用,它的尺寸、形状和制造精度对泵的性能影响很大。叶轮的形状取决于比转数,而水泵的流量、扬程的大小都和叶轮的几何形状、尺寸大小有关系。一般来说,比转数越小,叶轮水道越狭长,叶轮的外径越大,扬程越高;比转数越大,叶轮水道越宽短,流量越大。

D型水泵的第一级(首级)叶轮与其余各级(次级)叶轮不同,首级叶轮入口直径比次级叶轮入口直径均大,同时叶轮叶片入口边缘呈扭曲状,以保证全部叶片入口断面都适应水流入口,因而减小了水流入口冲击损失,这是它零流量时扬程较高和效率曲线平坦的原因之一。其叶轮剖视图如图 3—13 所示。

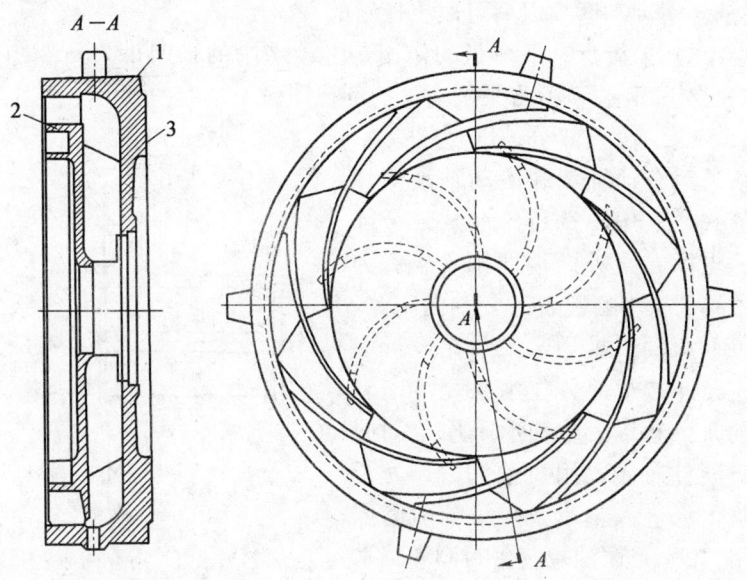

图 3—12　D 型水泵的中段
1—中段外壳　2—导水圈叶片　3—返水圈叶片

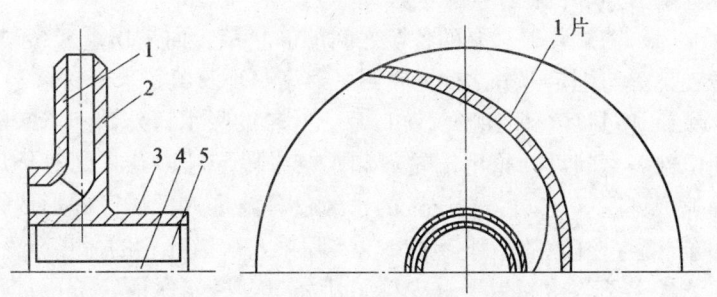

图 3—13　D 型水泵叶轮剖视图
1—前轮盘　2—后轮盘　3—轮毂　4—键槽　5—轴孔

2) 泵轴。泵轴的作用是传递扭矩。为了防止泵轴锈蚀和磨损,延长泵轴的使用寿命,泵轴与水接触的部分装有轴套(轴套锈蚀和磨损以后可以更换新的)。

3) 平衡盘。平衡盘的作用是平衡水泵的轴向推力。如图 3—14 所示是 D 型水泵平衡盘的剖视图。

(3) 轴承部分。D 型水泵轴承采用滑动轴承和滚动轴承两种形式,供用户选用。水泵转子部分支撑在泵轴两端的轴承上。为了有利于平衡装置改变轴向间隙,以平衡轴向推力,水泵在运行中应允许转子部分在水泵壳体中有轴向游动。滚动轴承采用单列向心滚柱轴承,用黄油润滑,为了防止水进入轴承,在泵轴两侧采用"O"形耐油橡胶密封圈和挡水圈。这种轴承允许少量的轴向位移,同时,采用滚动轴承,能减少静阻力矩和机械摩擦损失。

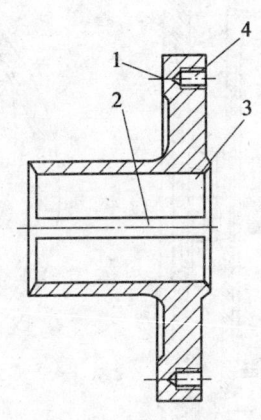

3—14 D 型水泵平衡盘的剖视图
1—盘面 2—键槽
3—轴孔 4—拆卸用螺丝孔

(4) 密封装置。泵的各段之间的静止结合面采用纸垫密封。转动部分与固定部分之间的密封是靠密封环及填料来密封。

1) 密封环。密封环又称口环。叶轮的吸水口外圆和水泵的固定部分之间,叶轮尾端轮毂和水泵中段导叶内孔之间有环形缝隙(见图 3—11)。高压区的水经过缝隙进入低压区并形成循环流,通过缝隙的循环流使叶轮实际排入次级叶轮的流量减少,并消耗了无益功。为了减少缝隙泄漏量,又能保证转子正常转动,应当有尽可能小的间隙。因此,为了保证正常的缝隙,又便于磨损后修复,安装了可更换的密封环,如图 3—15 所示。装在叶轮入口处的密封环叫大口环,装在级间间隙处的密封环叫小口环。

D型水泵的密封环为圆柱形，用螺栓固定在外壳上，它承受着同转子的摩擦，故密封环是水泵的易损零件之一。一旦这些密封环被磨损到一定的程度，就会发生水在泵腔内大量窜流的现象，使水泵的排水量和效率显著下降，故应及时更换。

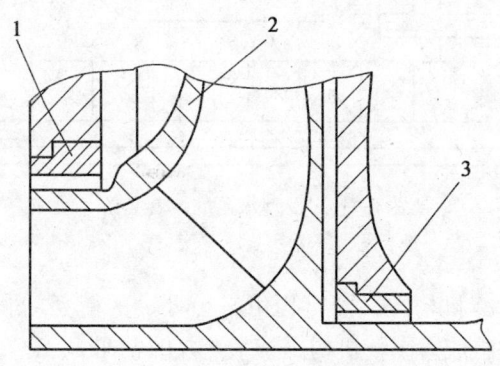

图3—15 D型水泵密封环
1—大口环 2—水轮 3—小口环

2) 填料装置。水泵轴穿过外壳的地方设有填料装置，又称填料室，以实现泵轴的密封。在排水侧的填料装置用来防止压力水的漏出，在吸水侧的填料装置用来防止空气漏入而影响水泵的正常吸水。

D型水泵的填料装置如图3—16所示，它由填料室内壁、填料（盘根）、填料环及压盖等组成，用螺栓压紧压盖，再通过压盖压紧填料，填料紧贴于轴和填料室内壁，以保证密封。

D型水泵一般用石墨粉油浸石棉绳或油浸棉纱做填料。

填料环位于进水侧填料室的中部，它是一个有槽的并在周围钻有小孔的圆环，由水泵中段引出压力水通过这些孔进入填料室，以阻止空气渗入，并起润滑及冷却的作用。

填料压盖是用来压紧填料的，它穿在两条双头螺栓上，通过螺母的旋进旋出便可松紧填料。

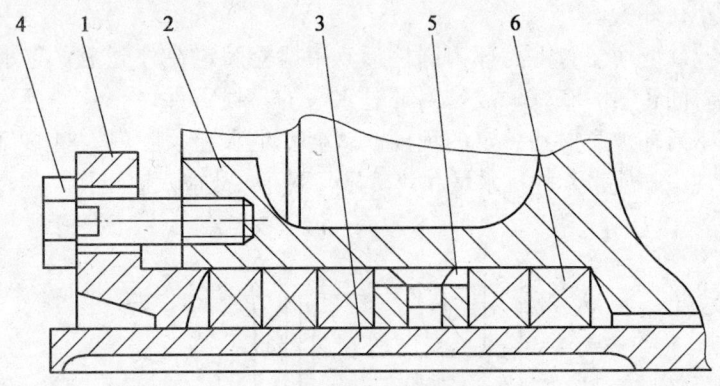

图 3—16 D型水泵的填料装置

1—填料压盖 2—进水段 3—轴套 4—压盖螺栓 5—填料环 6—填料

（5）平衡机构。平衡机构由平衡环、平衡套、平衡盘及平衡管等部件组成。平衡机构用于平衡泵的轴向力。

（6）D型离心式水泵主要零件所用材料，见表3—1。

表3—1　　D型离心式水泵主要零件所用材料

序号	零件名称	材料
1	泵体、泵盖、前段、中段、后段	HT200，HT250
2	导叶	HT200
3	轴	45
4	轴套	HT200，HT250 或 45
5	平衡盘、平衡板	HT200，HT250，QT600—3，青铜

2. S型单级双吸离心式水泵

S型单级双吸离心式水泵（简称S型水泵）为单级、双吸、中开式泵壳、横轴式离心水泵，它适合于矿山排水，其流量为108～2 880 m³/h，扬程为12～125 m，进水口直径为150～600 mm。

S型单级双吸离心式水泵采用双支撑结构，即支撑转子的轴承位于叶轮两侧，且一般都靠近轴的两端；泵壳为中开式；吸入口与排出口均在水泵轴心线下方,与轴线垂直呈水平方向;水泵的吸入口和压出口均与泵体铸为一体,在水泵的进水和出水法兰上分别设有安装真空表和压力表的管螺孔,泵体的下部加工有放水的管螺孔。

S型水泵主要由泵体1、泵盖2、轴3、叶轮4、双吸密封环5、轴套6、右轴承体10、左轴承体11等组成,如图3—17所示。泵体1与泵盖2构成叶轮的工作室;叶轮4用轴套6和两侧的轴套螺母固定,其轴向位置可以通过轴套螺母来进行调整;泵轴3由两个单列向心球轴承来支撑,轴承装在泵体1两端的轴承体内,用黄油润滑;双吸密封环5的作用是防止水泵压水室的水漏回吸水室;为了防止空气漏入泵内和冷却润滑密封腔内,在填料之间装有水封环,水泵运转时,少量的高压水通过泵盖、中开面上的梯形凹槽流入填料腔,起水封作用。

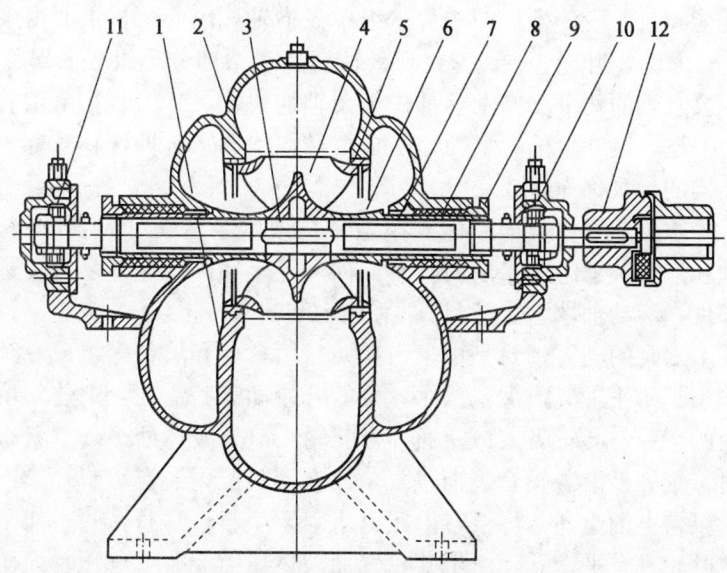

图3—17 S型水泵的组成

1—泵体 2—泵盖 3—轴 4—叶轮 5—双吸密封环 6—轴套 7—填料套
8—填料环 9—填料压盖 10—右轴承体 11—左轴承体 12—联轴器

水泵轴的材料为优质碳素钢,其余零部件均为铸铁制造而成。

水泵轴向力利用叶片的对称布置达到平衡,可能存在的剩余轴向力由轴端的轴承承受,叶轮4在安装前要经过静平衡校验。

水泵通过弹性联轴器与电动机连接,从电动机端往水泵方向看去,水泵均为顺时针方向旋转(需要时亦可以改为逆时针方向旋转)。

由于S型水泵泵壳为中开式,检修时非常方便,不需要拆卸吸水管和排水管,也不需要移动电动机,只要揭开泵盖即可检修泵内各零件。

3. IS型单级单吸卧式离心式水泵(见图3—18)

IS型水泵系列是我国根据国际标准化组织(ISO)所规定的性能和尺寸设计生产的一种单级单吸横轴式离心泵,主要由泵体、泵盖、叶轮、轴、密封环、轴套及悬架部分等组成。IS型水泵泵轴的两个支撑轴承都位于泵轴的一端,叶轮装在泵轴的另一端,装叶轮段的泵轴处于自由悬伸状态(这种具有悬臂式结构的水泵称为悬臂泵)。

水泵的壳体(即泵体和泵盖)构成水泵的工作室,叶轮、轴和滚动轴承组成水泵的转子部件,悬架部件支撑着泵的转子部件,滚动轴承承受着水泵的径向力和轴向力。

水泵的轴向密封是由填料压盖、填料环和填料等组成,其作用是防止进气或大量漏水。泵的叶轮如有平衡孔,则装软填料的空腔与叶轮吸入口相通,当叶轮入口处液体处于真空状态时,很容易沿着轴套表面进气,故在填料腔内装有填料环,通过泵盖上的小孔,将泵室内压力水引至填料环进行密封。如泵的叶轮没有平衡孔,由于叶轮背面液体压力大于大气压,因而不存在漏气问题,故可不装填料环。为避免轴磨损,在轴通过填料腔的部位装有轴套,轴套起保护轴的作用,轴套与轴之间装有"O"形密封圈,防止沿着其配合表面进气或漏水。

为了平衡泵的轴向力,大多数泵的叶轮前、后均设有密封环,并在叶轮后盖板上钻有平衡孔。但当泵的轴向力不大时,叶轮背面不设密封环和平衡孔。

水泵传动的方式是通过弹性加长联轴器与电动机连接,从驱动端看,泵的旋转方向为顺时针方向。

IS型水泵的泵体和泵盖部分,是从叶轮背面剖分的,这种结构的优点是检修方便,检修时不动泵体、吸水管路、排水管路和电动机,只需拆下加长联轴器的中间连接件,即可拆出转子部分进行检修。

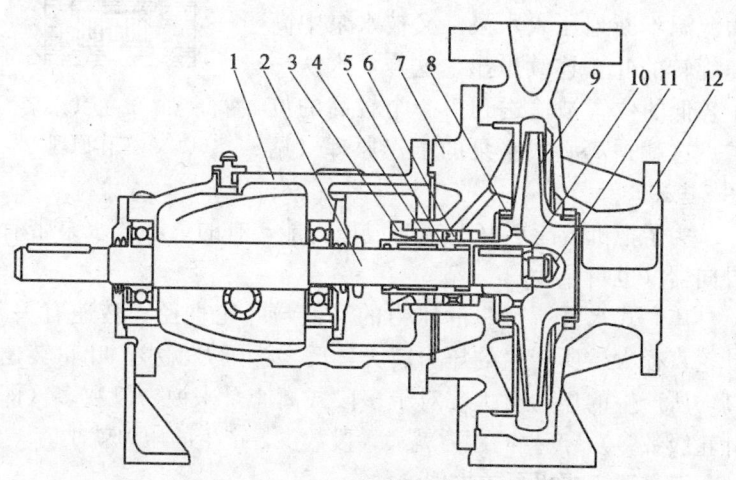

图3—18 IS型单级单吸卧式离心式水泵
1—悬架部件 2—轴 3—填料盖 4—填料 5—轴套 6—填料环 7—泵盖
8—密封环 9—叶轮 10—制动垫 11—叶轮螺母 12—泵体

二、离心式水泵的工作原理

离心式水泵是一种输送液体的流体机械,它是依靠旋转叶轮对液体的作用,把原动机的机械能传递给液体,使液体的能量(势能、压力能和动能)增加。

当水泵的吸水管路和泵体内被灌满水后启动水泵,叶轮流道间的水,在叶轮旋转中所产生的惯性离心力的作用下被甩出去,这时叶轮中部由于无水而形成真空,水池(或吸水井)中的水在大气压力作用下顺着吸水管被压入水泵,水泵中的水又在叶轮高速旋转产生的惯性离心力的作用下被甩出去,被甩出去的水经泵壳汇集到水泵的出口处,其速度和压力逐渐增加,这些高压水便会顺着排水管路流到指定地点。水池中的水被大气压力源源不断地压入水泵,又被水泵中高速旋转的叶轮连续甩出,这样,水从一个较低的位置被输送到另一个较高的位置。这就是离心式水泵的工作原理(见图 3—19)。

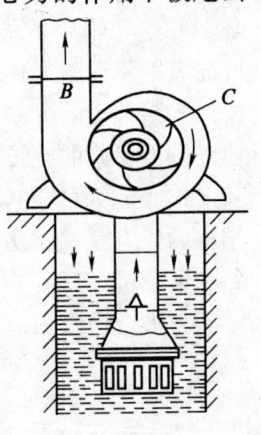

图 3—19 离心式水泵工作原理

为了把机械能更好地转变成压力能,有的离心式水泵带有导向器(也叫导叶)。

离心式水泵所产生的压力的高低与叶轮直径和转速有关。叶轮直径大,所产生的压力就大,反之,压力就小;叶轮转速高,所产生的压力就大。对于多段式离心泵来说,段数多(即叶轮级数多),产生的压力就大;段数少,产生的压力就小。

三、离心式水泵的性能参数

在水泵的"铭牌"或技术性能参数表上,常会见到一些表征水泵工作性能的参数,如流量、扬程、功率、效率和转速等,现分述如下。

1. 流量

流量又叫水泵排水量,是指水泵在单位时间内所排出的水的体积或质量。流量可以用体积流量和质量流量来表示。体积流量用符号 q_v 表示,单位有米³/秒(m^3/s)、米³/时(m^3/h)、升/秒（L/s）等；质量流量用符号 q_m 表示，单位有吨/时（t/h）等。

2. 扬程

扬程又称为总扬程、全扬程或总水头，是指单位质量的水通过水泵后所增加的能量。扬程用符号 H 表示，扬程的单位是米水柱（mH_2O），习惯称为米（m）。水泵扬程与水泵的型号、叶轮的直径、叶轮的数量（也叫级数）以及水泵的转速有关，叶轮的直径大，级数多，转数高，水泵的扬程就高，反之则低。水泵的扬程也会随着流量的变化而变化。水泵铭牌上所标注的水泵的扬程数值通常指的是该水泵在最高效率点运转时所能产生的扬程。图3—20所示为扬程的示意图，从图中可以看出扬程可分为以下几种。

（1）吸水扬程（吸水高度）。吸水扬程用符号 H_x 表示，指的是从水泵轴心线到吸水井水面之间的垂直高度（m）。

（2）排水扬程（排水高度）。排水扬程用符号 H_p 表示，指的是从水泵轴心线到排水管出水口之间的垂直高度（m）。

（3）实际扬程（测地高度）。实际扬程用符号 H_g 表示，指的是从吸水井水面到排水管出水口之间的垂直高度（m）。也就是说，实际扬程是吸水扬程与排水扬程之和。用公式表示如下：

$$H_g = H_x + H_p$$

（4）损失扬程。损失扬程用符号 H_l 表示，指的是水流过管路和管路附件时所损失掉的扬程（m）。

（5）速度扬程。速度扬程用符号 H_d 表示，指的是水在管路中以速度 v 流动时所需的扬程（m）。

（6）总扬程。总扬程用符号 H 表示，指的是实际扬程 H_g、损失扬程 H_l 和速度扬程 H_d 之和（m），即：

$$H = H_g + H_l + H_d \text{ 或 } H = H_x + H_p + H_l + H_d$$

3. 功率

水泵在单位时间内所做的功的大小，叫做水泵的功率。对

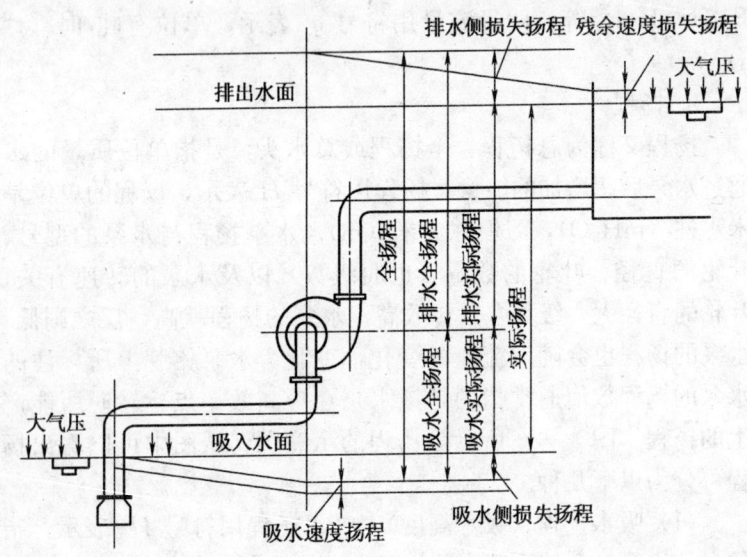

图 3—20 扬程的示意图

于整套水泵（包括与之配套的电动机）而言，功率可分为水泵的轴功率、水泵的有效功率和选用功率。

(1) 轴功率。轴功率是指电动机直接传递给水泵轴的功率，用符号 P_z 表示。

(2) 有效功率。有效功率是指水泵在单位时间内对流过水泵内的水所做的有效功的大小，用符号 P_x 表示。

(3) 选用功率。选用功率是指所选配的电动机的功率。为了保证水泵的可靠运转，所选配电动机的功率要略大于水泵的轴功率，一般为轴功率的 1.25 倍。

4. 效率

水泵的效率是指水泵的有效功率与水泵的轴功率之比的百分数，用符号 η 表示，其公式为：

$$\eta = \frac{P_x}{P_z} \times 100\%$$

水泵的效率总是小于 1 的,它反映水泵性能的好坏和电能利用的情况。矿用离心式水泵的效率一般在 60%～80% 之间,近年来生产的新型高效水泵的效率也有超过 80% 的。在选用水泵时,应尽可能选用高效率水泵。

5. 转速

转速是指水泵叶轮每分钟的转数,用符号 n 表示,单位是转/分钟(r/min)。矿用离心式水泵一般都是与电动机直接相连,因此,离心式水泵的转速就是电动机的转速。矿用离心式水泵使用的电动机的级数多为二级或四级,其对应的转速为 2 900 r/min 或 1 400 r/min。

6. 比转数(也称比速)

当水泵的扬程为 1 m,流量为 0.075 m^3/s 时,水泵所需的转速称为这台水泵的比转数,用符号 n_s 表示。比转数与水泵的转数是两个概念,使用时应注意区分。比转数大的水泵,其转速不一定高;反之,比转数小的水泵,其转速也不一定低。比转数与水泵的性能及其变化规律和叶轮形状等有较大关系。

对于同一进水口径的水泵,如果它们的流量相差不是很大,比转数越小,则扬程越高,轴功率也越大;比转数越大,则扬程越低,轴功率也越小。

7. 允许吸上真空高度和气蚀现象

(1) 允许吸上真空高度。允许吸上真空高度(也称吸水高度,简称吸高)是指在保证水泵不发生气蚀的情况下,水泵吸水口处所允许的真空度。众所周知:

1 个标准大气压=760 mmHg=10.332 mH_2O=101.3 kPa

因此,如果水泵内部能够达到绝对真空,则水泵的最大吸水高度为 10.332 m。由于离心式水泵的吸水口无法达到绝对真空,而且水在流经底阀、过滤网、吸水管等处时,都会受到一定的阻力而造成压力损失,此外,水在吸水管中流动时还要产生一定的速度损失,因此,任何水泵的吸水高度都不会超过

10.332 m。这样,就存在着一个小于 10.332 m 的最大吸水高度(即最大吸上真空高度 H_{smax})。吸上真空高度值随着吸水高度的增加而增加,但当其增加到某一值时,水泵就会发生气蚀,而不能正常工作,甚至损坏水泵构件。为了保证水泵尽可能有最大的吸上真空高度而又不至于发生气蚀,我国有关部门做出规定,必须留出 0.3 m 的安全量。最大吸上真空高度 H_{smax} 减去 0.3 m 就是水泵的允许吸上真空高度 H_s,用公式表示为:

$$H_s = H_{smax} - 0.3 \text{ m}$$

最大吸上真空高度是依靠试验的方法求出来的。通常可以从水泵样本上查到水泵的允许吸上真空高度 H_s 的数值,水泵制造厂家提供的允许吸上真空高度数值,是指水温在 20℃,大气压为 9.80665×10^4 Pa(即 1 kg/cm²)时测得的清水的数值。在水泵的实际安装中,一般离心式水泵安装的吸水高度不能超过 6 m,如果条件允许,水泵安装的吸水高度越小越好。

(2) 气蚀现象

1) 气蚀现象的形成。水泵工作时,叶轮入口处的压力最低,吸水高度越大,叶轮入口处压力就越低。当叶轮入口处压力低于在该温度下水的饱和蒸汽压力 p(水开始汽化的压力)时,水就开始汽化,溶解在水中的气体也从水中逸出,形成由许多水蒸气与气体混合的小气泡,这些小气泡随水流进入叶轮内压力超过饱和蒸汽压力 p 的区域时,气泡中的蒸汽又突然凝结成水,结果在气泡消失处形成空洞,周围的水急速冲入空洞,造成极大的水力冲击,由于气泡不断地形成与凝结,强大的水击压力以极高的频率反复地作用在叶轮上,时间过长,就会使叶轮的金属表面逐渐因疲劳而破坏,通常把这种破坏称为机械剥蚀。同时,在所产生的气泡中还夹杂着一些活性气体(如氧气),这些活性气体借助气泡凝结时所放出的热量,对金属起化学腐蚀作用。在机械剥蚀与化学腐蚀的共同作用下,叶轮的金属表面很快地出现蜂窝状的麻点,并逐渐形成空洞,这种现象称为水泵的气蚀现象。

2) 水泵发生气蚀的危害。水泵发生气蚀时,水泵内会发出噪声和振动,同时,由于在水流中含有大量气泡,破坏了水流的连续性,阻塞流道,增大流动阻力,使水泵的流量、扬程、功率和效率显著下降。而且随着气蚀程度的增加,气泡大量产生,最后造成断流,使水泵不能正常工作,甚至损坏水泵构件,因此,不能允许水泵在气蚀的情况下工作。

3) 防止水泵在工作时发生气蚀的措施。正确选择水泵的吸水高度,降低吸水管内的流速,减少吸水管的阻力,确保水泵叶轮入口处的压力大于当时水温下水的泡和蒸汽压力。

8. 管路效率和排水系统效率

(1) 管路效率。管路效率是指水泵实际扬程(H_g)与总扬程(H)之比,用符号 η_g 表示。

$$\eta_g = (H_g/H) \times 100\%$$

(2) 排水系统效率。排水系统效率是指排水设备的总效率(用符号 η_c 表示),它等于水泵效率(η)、管路效率(η_g)和电动机效率(η_d)的乘积。即:

$$\eta_c = \eta \eta_g \eta_d$$

四、离心式水泵的性能曲线

流量 q_v、扬程 H、转速 n、功率 P 和效率 η 等离心式水泵的主要性能参数,是指某台水泵在效率最高点测定的有关参数。而水泵流量是变化的,随流量的变化,其他参数也随之变化。每一种型号的水泵都按着本身特定的变化规律而变化。因此,通常用试验方法求得每台水泵在额定转速下的流量与扬程、流量与轴功率和流量与效率的数量关系,再以流量为横坐标,扬程、轴功率和效率为纵坐标,将这些数量关系绘制成曲线图,这些曲线,叫做水泵的性能曲线或称特性曲线。

不同型号的水泵有不同的性能曲线。根据水泵的性能曲线,就可以从一个参数找到其他参数,这对于正确地选择和经济合理地使用水泵十分重要。

1. 流量—扬程曲线

水泵的扬程 H 与流量 q_V 之间的关系曲线称为流量—扬程曲线，简称扬程曲线，用 q_V—H 表示。扬程曲线是离心式水泵最基本的性能曲线。如图 3—21 所示为 200D43 型离心式水泵的性能曲线，由曲线图中可以看出，流量小时水泵的扬程高；流量增大时，水泵的扬程缓慢下降。

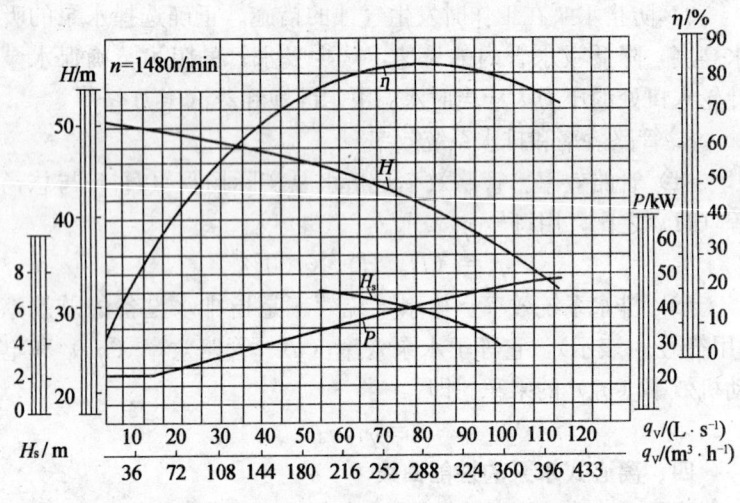

图 3—21 200D43 型离心式水泵的性能曲线

2. 流量—功率曲线

水泵的轴功率与水泵的流量之间的关系曲线称为流量—功率曲线，简称功率曲线，用 q_V—P 表示。多数离心式水泵的轴功率都随着水泵流量的增大而增大，但增大的幅度不等，流量减小，轴功率就减小，同时电动机的工作电流也减小。根据水泵的这种特性规律，在关闭闸阀启动离心式水泵时，由于没有流量或流量很小，就可以大大减小水泵电动机的启动电流。

3. 流量—效率曲线

水泵的效率与流量之间的关系曲线叫做流量—效率曲线，简称效率曲线，用 $q_V-\eta$ 表示。从图 3—21 可以看出，流量为零时效率也为零，随着水泵流量的增加，水泵效率也逐渐增加，但增加到最大后，效率反而下降。在最高效率点附近，即水泵效率为最高效率的 85%～90% 的区间，称为水泵的高效区。

五、管路特性曲线

管路特性曲线是指水在不同管路中流动时，扬程与流量之间的关系曲线。前面已经讲过水泵排水时的扬程（总扬程）等于实际扬程和损失扬程之和，即 $H=H_g+H_1$；损失扬程等于管路阻力系数（R_t）与流量的平方（q_V^2）的乘积，即 $H_1=R_t q_V^2$，所以总扬程 $H=H_g+R_t q_V^2$。根据这个公式，以流量为横坐标，以扬程为纵坐标，将流量和扬程的数量关系绘制成一条 q_V-H 曲线（见图 3—22），这条曲线就叫做管路特性曲线。根据管路特性曲线和水泵的特性曲线就能确定水泵的工况点。

六、离心式水泵的工况点

从水泵的性能曲线中可以看出：水泵能在与纵坐标相应的任何一点上工作。因为水泵的排水是通过与之相连接的管路来完成的，水泵究竟在性能曲线上的哪一个点工作，取决于与水泵相连接的管路，即取决于管路的特性曲线。如果把水泵特性曲线与管路特性曲线按同一比例尺画在同一坐标图上，则这两条曲线有一个交点，该交点就是水泵的工作状况点，简称为工况点，如图 3—23 所示。

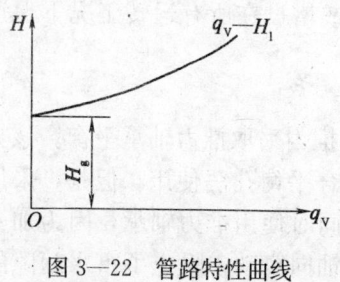

图 3—22 管路特性曲线　　图 3—23 水泵工况点

为了保证水泵排水的经济合理性，水泵的工况点应落在水泵的高效区，即水泵应保持效率在 $\eta \geqslant (0.85 \sim 0.9) \times \eta_{zd}$ 下工作。

上式中：η——水泵的运转效率（即水泵运转时所对应的效率）；

η_{zd}——水泵的最大效率。

七、离心式水泵轴向力的产生及其平衡

1. 产生轴向力的原因

单级叶轮的水泵在工作时，叶轮与泵壳之间充满液体，叶轮进水口处的压力低，出水口处的压力高，故叶轮两侧的作用力不平衡，从而产生了一个使叶轮向进水口一侧移动的轴向推力。另外，由于水在叶轮内表面流动方向的改变（由轴向变为径向），使水的动能发生变化，其结果也产生一个轴向推力，这个轴向推力在一般情况下较小，但与前面讲的轴向推力方向相反。

2. 轴向力的危害

单级离心式水泵的轴向推力有几千牛顿，多级离心式水泵的轴向推力有时可达到几万牛顿，这个力使水泵沿轴向窜动，如果不设法加以平衡，就会使高速旋转的叶轮同固定的泵壳相碰，造成破坏性的磨损。另外，过量的轴向窜动，会使轴承发热，电动机负荷加大，导致互相对正的叶轮出水口与导叶进水口发生偏移，引起冲击和涡流，降低水泵效率，严重时将使泵无法工作。

3. 轴向力的平衡方法

常用水力方法平衡部分或全部轴向力。这一方法包括使叶轮整个表面上的压力对称分布，或增设在所有运转工况下保证轴向力平衡的平衡系统。

(1) 单级叶轮的平衡

1) 推力轴承法。水泵的轴向推力采取推力轴承平衡。该方法仅限于单级小型水泵，有时配合平衡孔法使用。但是，采用平衡盘平衡轴向推力时，就不能同时使用推力轴承，因为加了推力轴承后，限制了水泵转子的轴向窜动，阻止了窜水间隙的

变化,反而失去了平衡盘的自动调节作用。

2)采用双吸式叶轮,使轴向力互相抵消。

3)开平衡孔。在叶轮的后盖板上对着叶轮入口开几个平衡孔,如图3—24a所示,使后盖板前后空间相通,从而使作用在叶轮后盖板前、后的压力基本相等,水泵的轴向推力大大减小,但开平衡孔后水泵仍有部分轴向力不能平衡,还需用推力轴承来承受剩下的部分轴向力。开平衡孔后,在叶轮后盖板后侧的轴向上需增设密封环,其直径与叶轮进口密封环直径相同。

开平衡孔的方法结构简单,但增加了内部泄漏,同时也使进口水流紊乱,降低了水泵效率。

4)加装平衡管。由叶轮后盖板附近的泵壳开孔,在开孔处加装平衡管将后盖板后腔与水泵吸水室相接,如图3—24b所示。其平衡轴向力的原理与开平衡孔法相同。

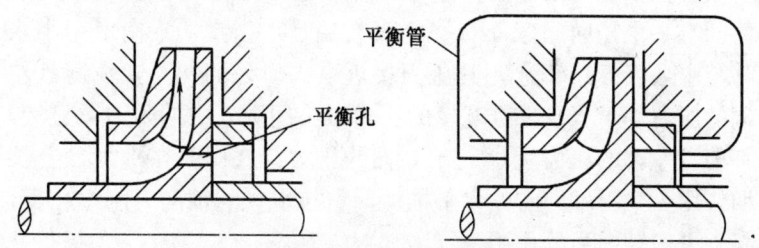

图3—24 平衡孔和平衡管
a)开平衡孔 b)加装平衡管

(2)多级叶轮轴向力的平衡

1)对称分布叶轮。对称分布多级泵的叶轮,使轴向力相互抵消。

2)平衡鼓。平衡鼓(见图3—25)装在末级叶轮的后面,其后面是平衡室,与第一级叶轮的吸入室相通,平衡鼓前面的压力接近于末级叶轮的压力,而后面的压力接近泵吸入室的压力与平衡管中阻力之差,这样就产生了平衡鼓前后的压力差,以平衡水泵的轴向力。

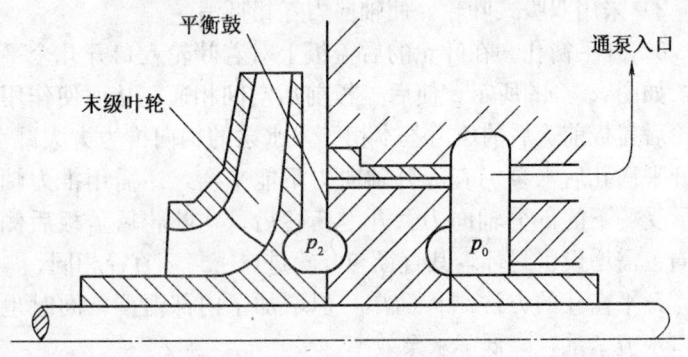

图 3—25 平衡鼓

3) 平衡盘。平衡盘（见图 3—26）安装在水泵末级叶轮的后面。在轴套与泵体间存在一个轴向间隙 b，在平衡盘端面与泵体间有一个径向间隙 b_0，平衡盘右端是平衡室，平衡室用小水管与水泵吸入口相通，其压力接近泵入口处的压力，平衡盘左端的压力等于水泵末级叶轮的压力减去间隙 b 中的阻力。显然，平衡盘左端的压力远远大于右端的压力，这样就在平衡盘上长期作用一个沿轴向右的水平推力，它与水泵的轴向力刚好相反，起到平衡轴向力的作用。

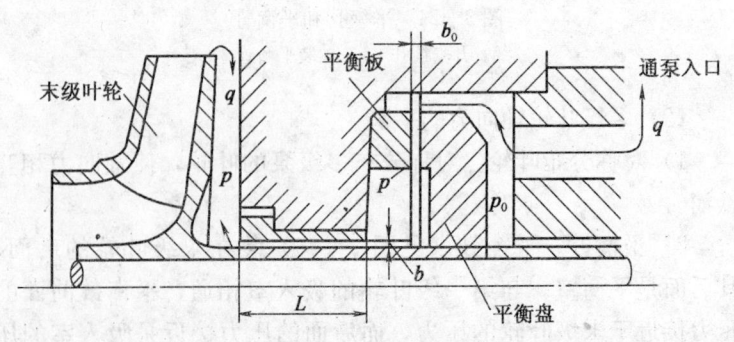

图 3—26 平衡盘

平衡盘自动平衡原理：当轴向力大于平衡盘的平衡力时，离心泵转动部分向左移，径向间隙 b_0 减小，液体流过间隙 b_0 的阻力加大，平衡盘左右的压力差增大，作用在平衡盘上的平衡力增大，最终使平衡力等于轴向力；当轴向力小于平衡盘的平衡力时，离心泵转动部分向右移，径向间隙 b_0 增大，液体流过间隙 b_0 的阻力减小，平衡盘左右的压力差减小，作用在平衡盘上的平衡力减小，最终使平衡力等于水泵所产生的轴向推力，平衡盘可在不同工况下自动地平衡水泵的轴向推力。

装有平衡盘装置的离心式水泵一般不配止推轴承。用平衡盘平衡水泵轴向推力的方法已广泛应用于离心式水泵中。

八、矿用离心式水泵的联合运行

用多台水泵同时对排水管路排水，这种排水方式叫做水泵的联合运行。联合运行（工作）的方式是多种多样的，但其基本方式是并联工作和串联工作两种。在本节中将讨论联合工作的特点、联合工作的工况和各泵各自的工况以及联合工作的效益等问题。

1. 并联工作

多台水泵同时向一条排水管路排水，称为水泵的并联工作。如图 3—27 所示为离心泵并联工作示意图及工况。泵Ⅰ和泵Ⅱ的出水口接于一条管路 c，并同时向该管路排水。在这种情况下，若忽略两台水泵各自吸水管的差异，则可以认为它们所产生的扬程相等，并等于管路所需的压头，两台水泵的流量之和等于通过管路 c 的流量，这就是水泵并联工作的特点。

为求得水泵联合工作中的联合工况和各自的工况，可以设想由一台等效泵，代替这两台水泵的作用。根据并联工作的特点，该等效泵产生的扬程，应等于两台水泵并联时的扬程；等效泵产生的流量，应等于两台水泵并联工作时的流量之和。在 $H-q_v$ 坐标图上作一条等扬程线 $a—a$，它与泵Ⅰ的扬程特性曲线Ⅰ交于 a_1 点，若 a_1 为泵Ⅰ在联合工作中的工况，则该等扬程

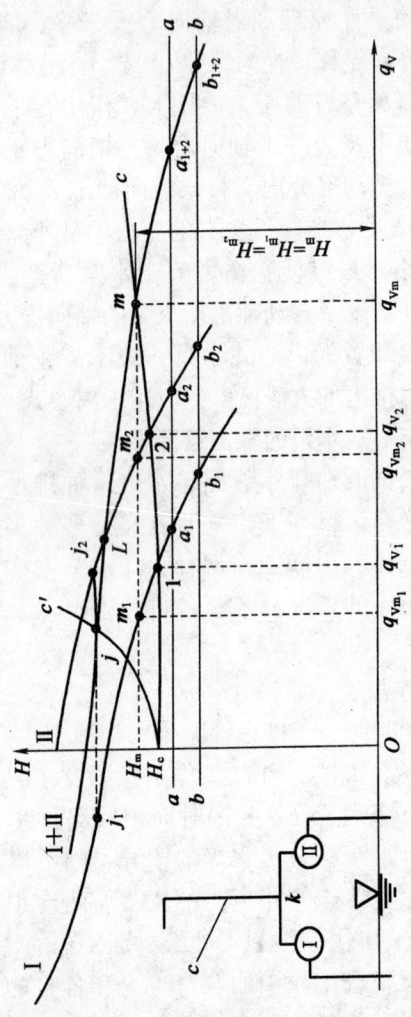

图 3—27 离心泵并联工作示意图及工况

线与泵 II 的扬程特性曲线 II 的交点 a_2，必为泵 II 在联合工作中的工况，因为 a_1 和 a_2 的扬程相等。可以设想等效泵的工况，亦必然在此等扬程线上的某点 a_{1+2} 处，a_{1+2} 点的流量，应等于 a_1

和 a_2 两点流量之和。同理，可以找到等效工况点 b_{1+2}，m，j 等，连接这些点，作成光滑曲线Ⅰ+Ⅱ，即为等效泵的扬程特性曲线。简而言之，在同一坐标图上按照"等扬程线上流量相加"的原则，将两台水泵扬程特性曲线叠加起来，即可得到两台水泵并联等效泵的扬程特性曲线。

等效泵扬程特性曲线Ⅰ+Ⅱ，与管路特性曲线 c 的交点 m 为等效工况点或两台水泵联合工作工况点。此时排水量为 q_{Vm}，泵产生的扬程为 H_m。

通过 m 点做等扬程线，分别与泵Ⅰ的扬程特性曲线Ⅰ和泵Ⅱ的扬程特性曲线Ⅱ交于点 m_1 和 m_2。则 m_1 和 m_2 分别为泵Ⅰ和泵Ⅱ在联合工作中各自的工况。显然，在 m，m_1 和 m_2 三个工况参数之间，满足水泵并联工作特点，即 $H_m=H_{m_1}=H_{m_2}$，$q_{Vm}=q_{Vm_1}+q_{Vm_2}$。

若两台水泵不并联工作，而是单独对管路工作，则当泵Ⅰ单独工作时，其工况为点 1，流量为 q_{V_1}；当泵Ⅱ单独工作时，其工况为点 2，工况流量为 q_{V_2}。

对比并联前后情况可知：两台水泵并联工作后的联合流量 q_{Vm} 大于任何一台水泵单独工作时的流量 q_{V_1} 或 q_{V_2}，但由于并联后管路流量加大，管路中扬程损失相应增加，至使并联后每台水泵各自的流量 q_{Vm_1} 和 q_{Vm_2} 都小于它们单独工作时的流量 q_{V_1} 和 q_{V_2}，即 $q_{Vm_1}<q_{V_1}$，$q_{Vm_2}<q_{V_2}$。

水泵并联工作的目的是增加通过排水管路的流量。并联的效益可以用并联后的流量 q_{Vm}，与并联前扬程较高的泵Ⅱ单独工作的流量 q_{V_2} 之差，对扬程较低的泵Ⅰ单独工作的流量 q_{V_1} 之比值度量。以 "x" 表示，则 $x=[(q_{Vm}-q_{V_2})/q_{V_1}]\times100\%$，很明显，管路阻力系数越小，管路特性曲线越平缓，并联效益越高。反之，管路阻力系数越大，管路特性曲线越陡，并联效益越差。当管路阻力系数大到一定程度，管路特性曲线如图3—

27中的曲线c'所示时，并联后的工况点为j，它居于两泵各自工况点j_1和j_2之间，亦即联合工作的流量比泵Ⅱ单独工作的流量还要小。两台水泵中的第Ⅰ台以负流量工作，也就是说泵Ⅱ产生流量的一部分通过管路排出，另一部分则通过泵Ⅰ倒流回水池。在这种情况下就失去了并联的意义。

若等效工况点为等效泵特性曲线与扬程较高的泵的特性曲线之交点L，则联合工作的流量等于泵Ⅱ单独工作的流量，泵Ⅰ的流量为零。此点L为并联有效和无效的分界点，称为并联极限工况。当等效工况流量大于极限工况流量时并联工作有效，反之则无效。

因此，水泵并联工作时要求并联工作的水泵扬程基本相等，否则扬程低的水泵不能发挥作用，甚至会发生扬程高的水泵向扬程低的水泵倒灌的现象，若两台特性相同的水泵并联工作，就不会出现倒灌的现象。

2. 串联工作

多台水泵的吸水口和排水口彼此首尾相接成一条排水管路排水，一般把这种排水方式称为水泵串联工作。水泵串联工作又分为两种：直接串联和间接串联。若水泵彼此首尾直接相接（水泵安装在同一泵房）排水，就称为直接串联工作；若水泵首尾间隔一段管路后，再相接起来排水，就称为间接串联工作。

两台水泵直接串联排水示意图及工况如图3—28所示，两台水泵间接串联排水的示意图及工况如图3—29所示。无论是直接串联排水还是间接串联排水，它们共同的特点是：串联排水时各泵流量相等并等于管路流量，而管路所需扬程为两泵扬程之和。因此，若设想用一台等效泵代替串联的各泵，则可在同一坐标图上，按"等流量线上扬程相加"的原则将串联的各泵扬程特性曲线叠加，即得等效泵的扬程特性曲线。

如图3—28所示为扬程特性曲线相同（曲线Ⅰ，Ⅱ）的两台水泵直接串联的情况。为求得等效泵特性，取一系列等流量

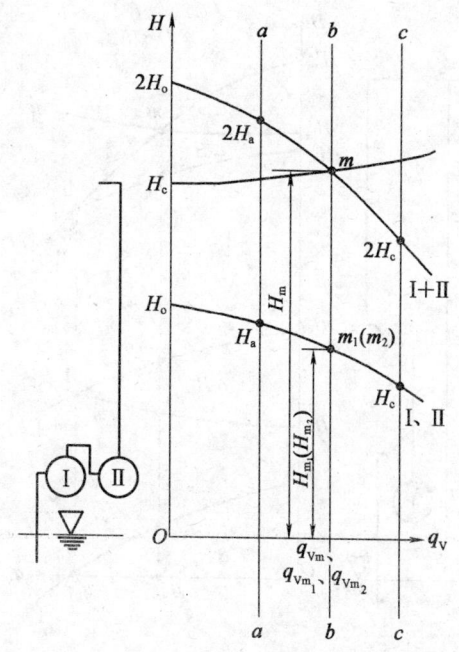

图 3—28 两台水泵直接串联排水示意图及工况

线 $a—a$，$b—b$ 和 $c—c$ 等，将它们与泵扬程特性曲线交点的扬程值加大一倍，即为等效泵的扬程值，从而得到串联等效泵扬程特性曲线Ⅰ＋Ⅱ。后者与管路特性曲线的交点 m 为等效工况或串联工作工况。通过 m 点做等流量线与水泵的扬程特性曲线Ⅰ，Ⅱ相交于 m_1，m_2 点（重合），即为两泵在串联工作中各自的工况。等效工况 m 与串联中各自工况 m_1，m_2 三个参数之间的关系为 $q_{V_m} = q_{V_{m_1}} = q_{V_{m_2}}$，而 $H_m = H_{m_1} + H_{m_2}$。

对于图 3—29 所示两泵间接串联排水的情况，仍可用等效泵方法求解。然而，除此之外还必须解答一项间隔串联中的特殊问题，即居于下部的水泵排水后，上部的水泵能否接续排水。为此，必须求得能够可靠地接续排水的条件。很明显，若居于

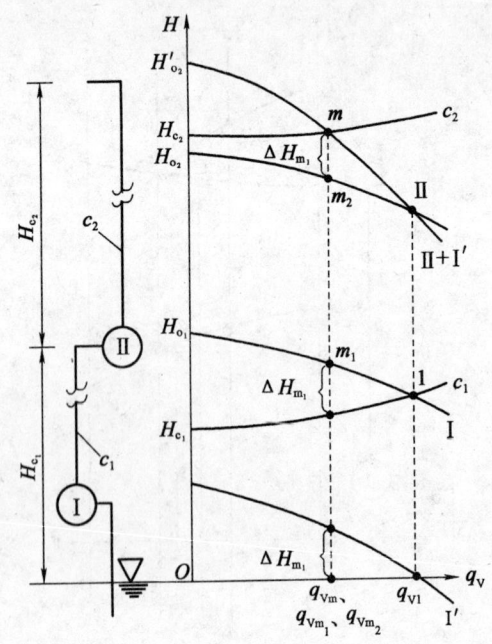

图 3—29 两台水泵间接串联排水示意图及工况

下部的水泵将水排至上部泵位处还有剩余扬程,则可以接续排水。现在详细分析这种串联排水的情况。

图 3—29 中的曲线 c_1 表示由吸水井的吸水管口至上部泵进口之间一段管路的特性曲线,曲线 c_2 表示由上部泵吸水口至管路出口之间的一段管路的特性曲线。若泵Ⅰ和Ⅱ不串联而分别对管路 c_1 和 c_2 工作,则由于 $H_{o_1} > H_{c_1}$,泵Ⅰ可独立工作,其工况点为 1,流量为 q_{V_1};但由于 $H_{o_2} < H_{c_2}$,故泵Ⅱ不能独立工作,无工况点(正流量区)。

在相同流量下,由泵Ⅰ的扬程减去管路 c_1 的压头,得到特性曲线Ⅰ′。它表示串联中泵Ⅰ对管路 c_1 工作的剩余扬程特性。可以设想,若在串联中泵Ⅰ的流量为 $q_{V_{m_1}}$,则剩余扬程为 ΔH_{m_1}。

串联前泵Ⅱ不能单独工作。串联后,泵Ⅰ将剩余扬程补给泵Ⅱ,泵Ⅱ接受补给后的扬程特性曲线为Ⅱ+Ⅰ′。此时,其零流量扬程为 H'_{o_2},它满足于 $H'_{o_2} > H_{c_2}$ 的条件,有工况点 m,流量为 q_{Vm}。

鉴于串联时各泵流量相等,因此,自 m 点做等流量线分别交Ⅱ和Ⅰ于 m_2 和 m_1 点,即为泵Ⅱ和Ⅰ在串联中各自的工况,显然,$q_{Vm} = q_{Vm_1} = q_{Vm_2}$。

当泵Ⅰ有剩余扬程补给泵Ⅱ时,泵Ⅱ处于压力给水下工作。若泵Ⅰ没有剩余扬程或在扬程不足的情况下工作,则泵Ⅱ必须以吸水方式进水,这在实际上是很难办到的。因此,可靠接续排水的条件是:

$$\Delta H_{m_1} > 0 \text{ 或 } q_{Vm_1} < q_{V_1}$$

式中　ΔH_{m_1}——串联中居于下部的泵工况点剩余扬程;

　　　q_{Vm_1}——串联中居于下部的泵工况点流量;

　　　q_{V_1}——下部泵单独对下部管路工作时的工况流量。

两台水泵串联排水的特点可简单概括为:

(1) 两台水泵串联后的总扬程为两台水泵扬程之和,流量等于一台水泵的流量。

(2) 要求串联工作的两台水泵的流量基本相等,当两台流量不相等的水泵串联工作时,其流量等于流量小的那台水泵的流量,流量大的水泵的能力发挥不出来,这时应将流量大的水泵放在前面;当两台扬程不同的水泵串联运行时,应将扬程低的那台水泵放在前面。

(3) 直接串联工作要求后一台水泵的强度能承受两台水泵的压力总和;间接串联工作要求第一台水泵的扬程必须满足能够将水排到高水位第二台水泵吸水口的位置,第二台水泵的扬程必须保证把水排到目的地。

上述解答两台水泵联合工作的方法,可以推广到多台泵联合工作中去。

九、引水装置

为了使水泵在灌注引水时阻止所灌引水流至吸水井，在离心式水泵吸水管道末端一般均安设底阀。但是，使用底阀存在如下一些问题：一是底阀增加了吸水管道的阻力，加大了能量消耗，降低了水泵效率，减小了水泵的吸水高度；二是运行中常因底阀质量不好或有杂物进入底阀，使底阀密封不严，使水泵灌不上引水而不能工作；三是由于矿井水腐蚀性较大，底阀易损坏，在底阀的检修、更换工作中，工作条件恶劣，劳动强度也大。因此，为了减小管道阻力，降低能量消耗，提高水泵效率，增加水泵的吸水高度（在吸水高度相同的条件下则降低了水泵吸水口的真空度，减少了运行中发生气蚀现象的可能性），避免因底阀故障而影响水泵正常运行，当前某些矿井主排水设备已取消底阀，采用真空泵或喷射泵等作为水泵的引水装置进行排水。其工作原理介绍如下：

1. 真空泵启动排水原理

水泵启动前，开动真空泵抽出水泵吸水管和泵体内的空气，由于泵体上口和吸水管下端均已经被水密封，因此，泵体和水泵吸水管内的空气越来越稀薄，即气压越来越低，形成负压，吸水井中的水在大气压的作用下，随着负压的升高逐渐进入到水泵吸水管和泵体内，直到充满水泵吸水管和泵体，这时关闭真空泵，开动水泵即可排水。

2. 喷射泵启动排水原理

（1）喷射泵的构造及原理。如图3—30所示，喷射泵主要由喷嘴、吸水室（或吸水管）和混合管构成。当高压水通过喷嘴以高速射出时，连续带走吸入室内的空气形成真空而产生负压，在大气压力作用下，使水泵及吸水管充满水，水泵便能启动运转。

（2）利用喷射泵实现无底阀启动的操作。利用喷射泵实现无底阀排水系统示意图如图3—31所示，首先打开低压阀11，

然后打开高压阀10，这时排水管路的高压水便通过喷射泵5将

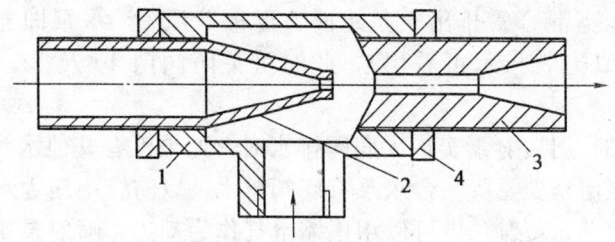

图 3—30　喷射泵的结构
1—吸水室　2—喷嘴　3—混合管　4—螺母

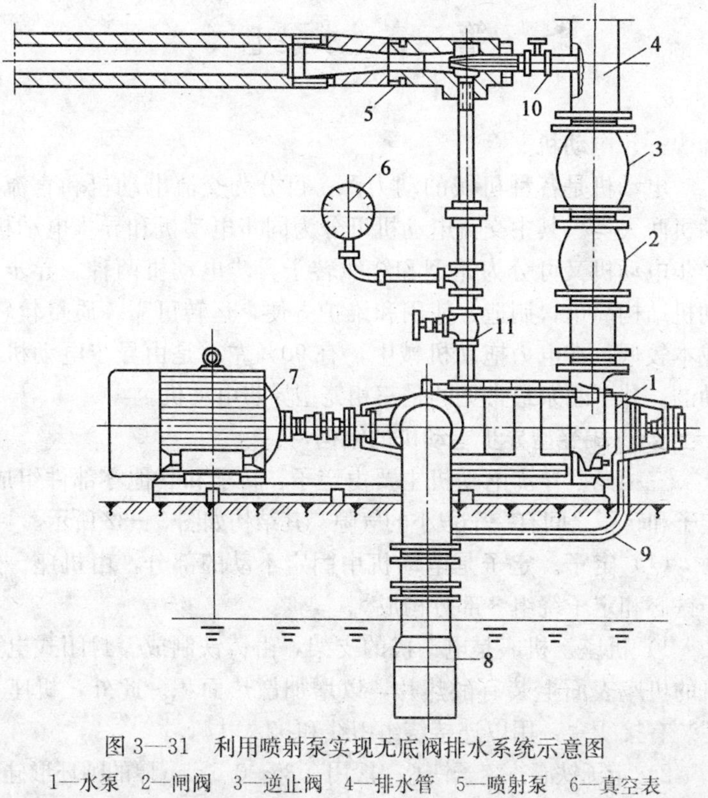

图 3—31　利用喷射泵实现无底阀排水系统示意图
1—水泵　2—闸阀　3—逆止阀　4—排水管　5—喷射泵　6—真空表
7—电动机　8—笼头　9—放水管　10—高压阀　11—低压阀

吸水室的空气带走，吸水室的空气和高压水混合后通过混合管排走，当混合管排出全是水时，再稍等片刻，水泵即充满水（通过真空表指示可看出），此时可关闭阀门 10 及 11，启动水泵。

(3) 用喷射泵实现无底阀排水时，如果没有其他水源，每一个泵房至少要留一台水泵有底阀排水，以防管中压力水漏光不能启动。喷射泵也可以用压缩空气作为动力，喷射泵所造成的真空与压力水或压缩空气的压力有关。

第三节　水泵电气

一、电动机

电动机是各种机械的动力源，可分为交流电动机和直流电动机两大类。其中交流电动机可分为同步电动机和异步电动机，异步电动机又可分为笼型和绕线转子异步电动机两种。异步电动机结构简单，制造、使用和维护方便，运转可靠，质量较轻，成本较低，在电力拖动机械中，有 90% 左右是由异步电动机驱动的。井下水泵最常见的是三相笼型异步电动机。

1. 三相笼型异步电动机的结构

三相笼型异步电动机主要由定子、转子和其他零部件组成，定子和转子之间有一个很小的气隙。其结构如图 3—32 所示。

(1) 定子。定子是电动机中固定不动的部分，由机座、定子铁心和定子绕组 3 部分构成。

1) 机座。机座是电动机的支架，由铸铁制成。封闭式电动机的机座表面上装有散热片，以增加散热面积。此外，机座上还装有接线盒，用以连接绕组引线和接入电源。

2) 定子铁心。定子铁心一般用 0.35～0.5 mm 厚的圆环形硅钢片叠压而成，其表面涂有绝缘漆，以减少交变磁通引起的涡流损耗。

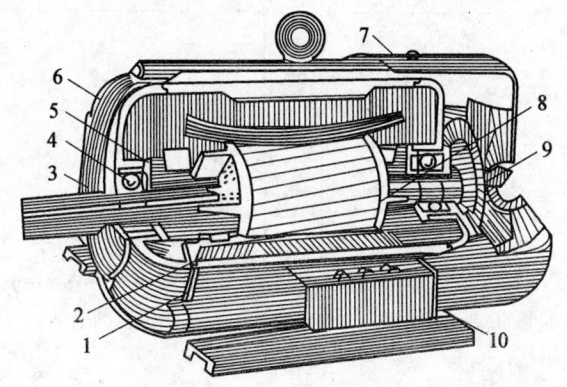

图 3—32 电动机的结构
1—定子 2—定子绕组 3—轴承外盖 4—轴承 5—轴承内盖
6—端盖 7—风罩 8—转子 9—风扇 10—出线盒

定子硅钢片的内圆上冲压有均匀分布的槽口,用以安装定子绕组。

3) 定子绕组。定子上有对称的三相绕组,每相绕组由若干线圈组成,每个绕圈又由多匝构成。绕组一般由高强度聚酯漆包圆铜线绕制而成。三相绕组的 6 个出线头,固定在机座外壳的接线盒内,各绕组的始末端符号标在线头或接线柱旁,U_1,V_1,W_1 为始端,U_2,V_2,W_2 为相对应的末端。三相绕组有星形(Y)和三角形(△)两种联结方式,以适应不同的电压。三相笼型异步电动机的星形联结和三角形联结分别如图 3—33 和图 3—34 所示。

(2) 转子。转子是电动机的旋转部分,包括转子铁心、转子绕组和转轴 3 部分。

1) 转子铁心。转子铁心由硅钢片叠成,并压装在转轴上,其外圆上冲有均匀分布的槽口,用以镶嵌绕组。

2) 转子绕组。转子绕组由转子槽内的铜条或铜条和转子铁心两端的短路环组成。

3) 转轴。转轴用来传递电动机的输出转矩,并保证定子和转子间有均匀气隙,以保证电动机的励磁电流和功率因数。

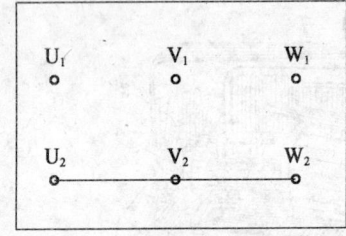

图 3—33 三相笼型异步电动机的星形联结

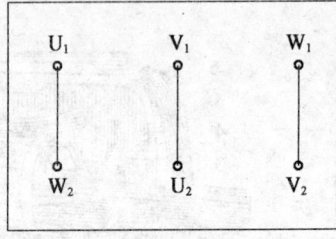

图 3—34 三相笼型异步电动机的三角形联结

(3) 其他附件

1) 端盖。端盖是由铸铁制成的,其中心孔内装有轴承,以支撑转子部分。

2) 轴承。轴承是用来支撑转子的,其两边有轴承盖,以保持轴承有足够的润滑脂。

3) 风扇。风扇是由风扇叶和风扇罩组成的,它是电动机的风冷装置。

2. 三相笼型异步电动机的工作原理

当电动机的定子绕组接通三相电源后,在定子和转子的气隙中便产生了旋转磁场,转子导体在旋转磁场的作用下产生相对运动,因而在转子导体中将产生感应电动势和感应电流。由于旋转磁场和转子感应电流的相互作用,产生电磁力,电磁力对转轴形成一个转矩,称为电磁转矩,其作用方向与旋转磁场方向一致,因此,转子就顺着旋转磁场的方向转动起来。

笼型电动机转子的转速 n 总是低于同步转速 n_1,而同步转速是由电源频率 f 和定子绕组极对数 p 决定的,即 $n_1 = 60f/p$。

上式表明,电源频率不变时,电动机的极对数越多,它的磁场旋转速度越低,即电动机的同步转速与极对数成反比。

3. 绕线转子异步电动机简介

绕线转子异步电动机的转子有与定子相似的三相绕组,其特点是启动转矩大而启动电流小,适用于要求启动转矩大而笼型电动机难以启动的恒速、恒定负载设备,以及要求在小范围内变速的重负载启动设备。绕线转子异步电动机与笼型异步电动机的主要区别在转子上,其三相绕组按一定的规律对称地放在转子槽中,3个绕组的末端一般并联在一起,3个绕组的首端分别接到固定在转子轴上的3个铜滑环上(即三相绕组接成星形),再经过与滑环摩擦接触的3个电刷与三相变阻器相连接。滑环之间及滑环与转子轴之间均相互绝缘。

4. 电动机常见故障的原因及处理方法,见表3—2。

表3—2　　电动机常见故障的原因及处理方法

故障现象	可能原因	处理方法
电动机温升过高或冒烟	(1) 电动机过载	(1) 减轻负载;更换较大功率的电动机
	(2) 断相运行	(2) 检查供电电源线、电动机引接线、熔断器、开关触头,找出断路位置予以排除
	(3) 电动机通风不良或环境温度过高	(3) 检查电动机风扇是否损坏及在轴上固定状况;清理电动机的通风道或周围积灰;采取降温措施
	(4) 水冷电动机的水道部分或全部堵塞	(4) 清理并疏通冷却水室
	(5) 电源电压偏低,电动机在额定负载下造成温升过高	(5) 测量电源电压,如负载时电压降过大,应换用较粗电源线或电缆;如空载电压低,则应适当调高供电电压
	(6) 电源电压过高,电动机在额定负载下,定子铁心磁密过高,铁耗过大,使电动机温升过高	(6) 如电源电压超出规定标准,则应调低供电电压至标准范围
	(7) 定子绕组匝间或相间短路、接地,运行中引起电动机局部过热或冒烟	(7) 查出短路或接地部位,进行修复

续表

故障现象	可能原因	处理方法
电动机温升过高或冒烟	(8)（笼型）转子导体开焊或断裂 (9) 定、转子铁心相摩擦	(8) 查出故障点，进行检修 (9) 查清原因，如端盖与止口配合松动，更换端盖；如轴承松动，更换轴承；如转轴弯曲则需校直轴，同时修理好铁心部位
电源接通后，电动机有嗡嗡声，不能启动	(1) 电源有一相断路 (2) 负载有卡住现象，造成电动机堵转 (3) 定子绕组引接线始末端接错，或绕组内部有线圈接反 (4) 定子或转子绕组断路 (5) 修理绕组改变极对数后造成槽配合不当	(1) 检查供电电源线、电动机引接线、熔断器、开关触头，找出断路位置，予以排除 (2) 检查被拖动机械，排除故障 (3) 进行专业检修，排除故障 (4) 进行专业检修，排除故障 (5) 画绕组图，找出不当之处，改进节距，换转子改变槽配合
电动机启动困难，加额定负载后，电动机转速较额定转速低	(1) 供电电压低 (2) 定子绕组应接为△，误接为Y (3) 定子或转子绕组局部线圈接错或接反 (4)（笼型）转子导条与端环开焊或断裂	(1) 见本表前述处理方法 (2) 检查定子绕组接法，改为正确的接法 (3) 进行专业检修，排除故障 (4) 进行专业检修，排除故障
电动机运行中有异常噪声	(1) 定子绕组接线错误，局部短路，△接法的定子绕组每相匝数不同，可能造成三相不平衡而引起噪声	(1) 进行专业检修，排除故障

续表

故障现象	可能原因	处理方法
电动机运行中有异常噪声	(2) 定、转子铁心相摩擦 (3) 定、转子铁心装压过松，电动机运行时产生振动噪声 (4) 转子擦绝缘纸或槽楔 (5) 轴承磨损或严重缺润滑脂 (6) 风扇碰风扇罩	(2) 见本表前述处理方法 (3) 重新压紧铁心 (4) 修剪绝缘纸的过高处，或锉修槽楔高出部位，或更换松动槽楔 (5) 清洗轴承，重加润滑脂或更换轴承 (6) 修理风扇叶片或风扇罩
轴承过热	(1) 轴承磨损或轴承内有异物 (2) 轴承与轴配合过松或过紧 (3) 轴承与端盖配合过松或过紧 (4) 润滑脂过多或过少，油质不良 (5) 油封太紧或装配不当 (6) 电动机联轴器装配偏心或传动带过紧 (7) 电动机两侧端盖或轴承未装配到同一轴线位置，或轴承偏心	(1) 更换或清洗轴承 (2) 过松时可将轴喷涂金属或镶套，过紧时重新加工 (3) 过松时可将端盖孔镶套，小电动机可在端盖孔上打样冲眼；过紧时重新加工端盖轴承孔到规定的配合尺寸 (4) 清洗轴承，换合格润滑脂，使油脂充满轴承室的1/3～1/2 (5) 调整或更换油封 (6) 调整电动机与联轴器装配，使之对准中心线，调整传动带的张紧力 (7) 重新装配端盖到止口规定位置，均匀地拧紧紧固螺钉；轴承盖偏心时需更换
电动机空载运行时，三相电流有较大的不平衡	(1) 电源电压不平衡 (2) 绕组存在匝间短路	(1) 检查并调整电源电压 (2) 进行专业检修，排除故障

续表

故障现象	可能原因	处理方法
电动机空载运行时,三相电流有较大的不平衡	(3) 绕组断线 (4) 定子绕组引出线始末端接错或部分线圈接反 (5) 各相串联匝数不相等	(3) 进行专业检修,排除故障 (4) 进行专业检修,排除故障 (5) 更换匝数有错误的线圈
电动机振动	(1) 电动机安装基础不平 (2) 电动机转子不平衡 (3) 带轮或联轴器不平衡 (4) 转轴轴端弯曲,或带轮偏心 (5) 电动机风扇不平衡 (6) 由于气隙不均匀产生单边的磁拉力,使电动机产生振动 (7) 定子绕组接线错误或局部短路,导致三相电流不平衡	(1) 将电动机机座垫平,并找好电动机水平后紧固地脚螺栓 (2) 转子校动平衡 (3) 带轮或联轴器校静平衡 (4) 校直转轴,将带轮找正后重车外圆 (5) 风扇校静平衡 (6) 调整定、转子气隙,如更换端盖轴承等 (7) 进行专业检修,排除故障
电动机绝缘电阻低	(1) 绕组受潮 (2) 电动机绕组浸入油污或水 (3) 电动机引出线绝缘受损或端子绝缘件受潮或损坏 (4) 定子绕组绝缘老化	(1) 烘干绕组使绝缘电阻升高,或浸漆烘干 (2) 清洗绕组后烘干 (3) 检查引出线,包好损坏的绝缘,更换或烘干损坏或受潮的绝缘件 (4) 更换绕组
电动机外壳带电	(1) 电动机引出线绝缘损坏或端子绝缘件损坏接地 (2) 绕组内部绝缘损坏接地 (3) 绕组端部与端盖相碰 (4) 外壳未可靠接地	(1) 电动机引出线绝缘损坏处重新包扎,更换损坏的绝缘件 (2) 进行专业检修,排除故障 (3) 在绕组端垫绝缘片后安装端盖 (4) 检查接地螺栓,达到良好接地

二、供电电缆

1. 矿用电缆的分类

电缆常用的分类方法有以下几种。

(1) 按电缆的用途分类

1) 动力电缆。动力电缆主要用于动力配电系统。包括高压动力电缆和低压动力电缆。高压指额定工作电压在 1 000 V 以上；低压指额定工作电压在 1 000 V 以下。

2) 控制(信号)电缆。控制(信号)电缆主要用于交流 500 V 或直流 1 000 V 以下的控制（信号）电路，亦可作为配电装置中连接电气设备和仪表线路之用。控制（信号）电缆一般为铜芯。

3) 通信电缆。通信电缆主要用于通信线路。矿山常用通信电缆有铅包（HQ）及塑料绝缘两种。矿山井下常用的为塑料铠装通信电缆，如 $HUVV_{20}$ 系列。

(2) 按电缆结构分类

1) 铠装电缆。铠装电缆是指有钢带或钢丝作保护层的电缆，一般用于需要保护且无特殊要求的固定敷设场所。铠装电缆有油浸纸绝缘、干绝缘、塑料绝缘等几种。芯线有铜芯和铝芯。

2) 橡套电缆。橡套电缆的绝缘及护套均采用橡胶材料制作，有普通橡套和不延燃橡套两种材料。煤矿井下低压动力电缆必须采用不延燃橡套电缆。芯线为铜芯。

3) 屏蔽电缆。实际上屏蔽电缆属于橡套电缆的一种。但在结构上采用加装屏蔽层的方式，提高了供电的安全程度。主要用于井下较重要的、且经常移动的电气设备。如井下移动变电站及采煤机组等。

2. 矿用电缆常见故障及处理

(1) 矿用电缆的常见故障

矿用电缆常见的故障有相间短路、单相接地和断相等。

1) 相间短路故障原因及预防

①原因一：接线盒内的绝缘件老化、开裂受潮；低压橡套电缆受到各种严重撞击；接线盒内的接线有毛刺、遭遇淋水、接线盒内接线虚接产生高温或电火花而发生短路故障等。

预防措施：严格接线工艺；提高连接处的密封性能与绝缘水平，防止水气的浸入；加强巡视，避免任何外力冲击损伤。

②原因二：低压橡套电缆出现降低相间绝缘性能的破口，此时，潮气浸入，则会发生短路故障。

预防措施：加强维护管理，避免机械伤害。

2) 单相接地（单相漏电接地）故障原因及预防

原因：机械损伤破坏绝缘；电缆接线工艺粗糙，有毛刺；接头脱落碰及外壳；线路上出现"鸡爪子""羊尾巴"等。

预防措施：加强维护管理，消除隐患；严格按规定要求进行敷设、吊挂、连接。

3) 断相故障原因及预防

原因：被机械挂住而拉断；被锋利器物割断；接线端子处虚接而被烧断。

预防措施：加强维护和管理。

(2) 故障判定和处理

1) 故障判定

①相间短路故障的判定。若发生相间短路，则会出现短路保护装置的熔件被烧断或过电流继电器动作，使开关跳闸；也可用兆欧表测量各芯线之间的绝缘电阻值以判定是否相间短路；由于短路电流会造成电缆的发热，故也可用手感查找；检查是否有短路崩破电缆护套的放炮点。短路往往伴随着绝缘烧焦气味，故也可据此判定是否是短路故障。

②单相接地（单相漏电接地）故障的判定。发生单相接地（单相漏电接地）故障首先表现为漏电继电器动作，馈电开关跳闸；或接地监视装置、漏电闭锁装置动作，并显示相应的指示信号。也可用兆欧表测量各芯线对地的绝缘电阻值或用其他测

量方法判定是否单相接地。

③断相（断线）故障的判定。断相有单相、两相和三相断线3种。若用电设备是电动机，发生单相断线故障时，将造成单相运转，转矩明显减小，运转声音不同于正常运转之声，此时过负荷保护装置和断相保护装置动作；发生两相或三相断线故障时，电动机自然会停止运转。馈电开关或启动控制设备在断相保护装置的作用下，能够自动跳闸。也可用兆欧表（摇表）测量断相（断线）故障。若用万用表测量，则应先对电缆放电，然后测量各主芯线的通断，不通即为断相。

2）故障处理

①电缆发生故障后，首先判定故障类型，并向主管部门和调度室汇报，组织有关专业人员进行处理。

②当电缆故障引起火灾时，应立即切断电缆电源，并挂标志牌，同时不失时机地进行灭火救灾。若火势蔓延较快不能立即扑灭，应马上通知附近人员脱离危险区，并向上级及调度室汇报。

三、矿用变压器

低压水泵的启动，需经过变压器将 10 kV，6 kV 或 3 kV 的高压变成适应低压电动机的额定电压，一般为 660 V 或 380 V。矿用变压器分为矿用一般型和矿用防爆型两类。矿用一般型有 KSJ 型、KSJL 型，仅适用于矿山井下无爆炸危险的场所；矿用防爆型有 KSGB 型等，适用于有爆炸危险性的场所。

KSJ 型动力变压器属于矿用一般型电气设备，在油箱的两侧设有高、低压电缆接线盒。为避免油枕和油箱间连接管堵塞发生爆炸事故，油面上部留有供油膨胀的空间，上盖注油塞子上设有通气孔。变压器油由于高温分解出的气体，从塞子的小孔中放出，取下塞子可向内补充绝缘油。

变压器高压绕组设有调节二次电压±5%的抽头。当电源电压长期低于95%的额定电压时，把抽头调节在-5%的端子上；

反之，当电源电压长期高于105%的额定电压时，把抽头调节在+5%的端子上，以保证低压侧电压正常。

为适应两种供电电压等级，二次绕组有两种接线方式（Y/△），660V 为 Y 接线，380V 为△接线。

四、启动、控制设备

1. 矿用隔爆高压真空配电装置

矿山井下高压水泵电动机的启动开关推广使用矿用隔爆高压真空配电装置。它采用了先进的真空断路器和电子继电保护单元，具有失压保护、反时限过流保护、短路速断保护、绝缘监视保护、高压漏电保护、操作过电压保护等一系列完善的保护装置，同时具有用电计量、长期记忆等功能，运行安全可靠性高、维修量小。它解决了 PB 系列高压隔爆开关无法满足的安全要求，已在矿山井下高压配电系统中得到广泛应用。

目前，矿用隔爆高压真空配电装置有 BGP8－6，BGP9L－6A，BGP9L－6G 等型号，适用于有瓦斯、煤尘爆炸危险的环境中。

以 BGP9L－6G 矿用隔爆高压真空配电装置为例简介如下。

（1）结构。BGP9L－6G 矿用隔爆高压真空配电装置由隔爆箱和机芯小车两部分组成。一次元件均装在机芯小车上，并通过隔离插销与外引接线端连接。当进行停电操作将小车拉出后，可实现双断点隔离作用。隔离插销、箱门和真空断路器之间有如下联锁：

- 隔离开关分闸到位后箱门方能打开。
- 箱门打开后隔离插销不能合闸。
- 隔离插销合闸到位后，真空断路器才能合闸。

（2）主回路工作原理。BGP9L－6G 矿用隔爆型高压真空配电装置电气原理图如图 3—35 所示。

当隔离插销插入到位，隔离联锁柄在"合闸"位置时，SB_7 触点闭合，接通失压脱扣器的供电回路，失压脱扣器投入工作。

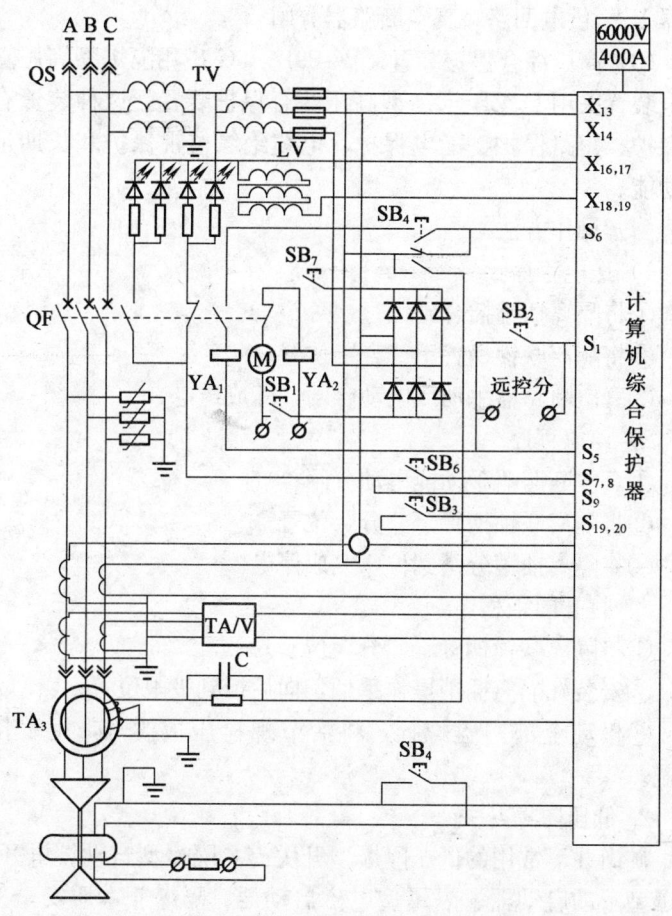

图 3—35 BGP9L-6G 矿用隔爆型高压真空配电装置电气原理图

真空断路器既能电动合闸和分闸，也可以手动合闸和分闸。按下启动按钮 SB_1（约 4s），直流电源（＋）经 $SB_7 \rightarrow$ 断路器辅助开关的常闭触点 $\rightarrow$ 电动机 $M \rightarrow SB_1 \rightarrow$（－）端，电动机 M 旋转，机构进行合闸运动，直到真空断路器完成合闸。

分闸时按下分闸按钮 SB_2，SB_2 常开触点闭合，接通分励脱

扣器 YA_1 供电回路,真空断路器分闸。

(3) 高压综合保护装置。BGP9L-6G 矿用隔爆型高压真空配电装置采用 DCZB-X_3 型高压综合保护装置,这种装置有过载保护、短路保护、漏电保护、电缆绝缘监视保护和长期记忆等功能。

(4) 操作方法

1) 送电程序

①将隔离插销插合到位;

②将隔离联锁柄置于"合"位置;

③真空断路器手动或电动合闸,完成送电。

2) 停电程序

①真空断路器手动或电动分闸;

②将隔离联锁柄置于"分"位置;

③将隔离插销分闸到位,完成停电。

3) 打开门盖程序

①将隔离联锁柄置于"分"位置;

②安装好隔离插销操作手柄,向后扳到极限位置;

③松动全部门盖螺栓,将活节螺栓压板拨开,用手拉开门盖。

2. 低压防爆开关

矿山井下常用的低压隔爆型开关有:隔爆型自动馈电开关、隔爆型手动启动器、隔爆型电磁启动器、隔爆兼本质安全型电磁启动器和隔爆型真空电磁启动器。

(1) 矿用隔爆型电磁启动器。水泵低压电动机容量较小的可以用隔爆自动馈电开关做电源开关,用电磁启动器直接启动水泵。矿用隔爆型电磁启动器型号很多,主要是 QC83 系列。QC83 系列电磁启动器的结构和使用方法大致相同。下面以 QC83-120 型电磁启动器为例对其进行简单介绍。

如图 3-36 所示为 QC83-120 型电磁启动器电气原理图。

它的主电路由三相电源线端子 L_1，L_2，L_3，换向隔离开关 QS，主触点 KM，热继电器 KH，引出线端子 D_1，D_2，D_3 等元件组成。控制电路由控制变压器 TC、中间继电器 KA、停止按钮 SB_1、启动按钮 SB_2、自保触点 KM_1 和外控触点 KM_2 及主交流接触器 KM 等组成。

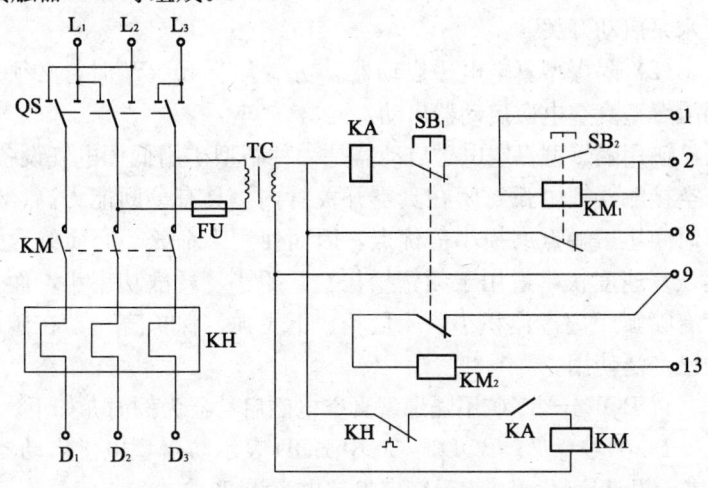

图3—36　QC83-120型电磁启动器电气原理图

双金属热继电器 KH 是用两层不同温度膨胀系数的金属片构成的，温度膨胀系数大的金属叫主动层，膨胀系数小的金属叫被动层。当负载电流超过双金属片的额定电流时，双金属片就发热膨胀，向上翘起，作用于传动机构，使触点分开，接触器断电。用热继电器保护电动机时，应将热继电器的动作时间调节在电动机允许过热的时间以内，才能满足保护的要求。同时也要保证笼型电动机启动时，热继电器不动作。

热继电器的整定值一般调节在等于电动机的额定电流，对于启动频繁、周期性工作的电动机，热继电器的整定值等于电动机额定工作电流的1.2倍。

换向隔离开关 QS 没有消弧装置，所以只能在电源与负荷断开的情况下进行操作。因此,外壳转盖与手把、手把与停止按钮之间设有机械闭锁装置,只有按下停止按钮才能转动换向隔离开关手柄,也只有开关完全断开,拧入闭锁杆后才能打开转盖,以避免带电开盖。

QC83-120 隔爆型电磁启动器可作为井下 40 kW 以下的低压水泵启动开关。

(2) 隔爆型真空电磁启动器。功率大于 40 kW 时,必须采用隔爆型真空电磁启动器启动。

矿用隔爆型真空电磁启动器是一种新型矿用低压电气设备,真空接触器把电弧封闭在真空开关管内,具有分断能力高、燃弧时间短、触点磨损小等优点,因而使用寿命长。介质绝缘强度恢复速度快,适用于频繁操作。开距小、耗散功率小,而且没有喷弧距离。体积小、质量轻、不飞弧、保护齐全,在矿山中已广泛使用。

以 BQD4-80 矿用隔爆型真空电磁启动器为例简介如下。

1) 型号意义。BQD4-80 中 BQD 表示防爆型电磁启动器;4 表示设计序号;80 表示额定发热电流为 80 A。

2) 用途、使用范围及工作环境条件

① 用途。BQD4-80 隔爆型真空电磁启动器作为就地或远距离控制交流 50 Hz,电压 380 V 或 660 V 的矿用隔爆型三相电动机的启动或停止,在允许变压器一端接地时可实现程序控制,启动器可在所控制电动机停止时换向。

② 使用范围。BQD4-80 隔爆型真空电磁启动器具有使用寿命长、分断能力强、动作可靠、保护齐全、维修量小等特点,特别适用于操作频繁的重载负荷的矿山机械设备中。

③ 工作环境条件。该启动器所适用的工作环境和条件为:周围环境温度为 $-5\sim40$℃;空气相对湿度小于 95% (25℃时);海拔不超过 2 000 m;有爆炸性混合物的矿井中;与垂直面的安装倾斜度不得超过 15°;无显著摇动和冲击振

动的地方；无破坏绝缘的气体或蒸气的环境中；无滴水的地方。

3) 规格及技术参数。BQD4-80隔爆型真空电磁启动器的规格和技术参数分别见表3-3和表3-4。

表3-3　BQD4-80隔爆型真空电磁启动器的规格

型号	额定工作电压(V)	额定发热电流(A)	控制电路电压(V)	控制电动机最大功率(kW) $n\cos\phi=0.75$			
				AC-3		AC-4	
				380	660	380	660
BQD4-80	380　660	80	36	40	65	35	60

表3-4　BQD4-80隔爆型真空电磁启动器的技术参数

型号	极限分断能力(A)	换向隔离开关分断能力(A)	吸合电压(V)	释放电压(V)	电寿命(万次)		机械寿命(万次)
					AC-3	AC-4	
BQD4-80	2 500, 3次	80, 正反各3次	75%～110%U_e	不低于10%U_e	20	6	30

4) 结构组成。BQD4-80隔爆型真空电磁启动器由隔爆外壳和内部元件组成。

①外壳制成隔爆型，其结构如图3-37所示。主腔4为圆筒形，大盖为转开启动结构。接线箱1位于主腔上方，上面有供主、控制电路电缆引入的进线装置2、3。主腔右侧装有换向隔离开关手柄6、大盖联锁杆7、启动按钮5和停止按钮8，整个外壳装在拖架10上，在外壳下部还装有外接地螺钉9。换向隔离开关用于无负载下换向，停止按钮和换向隔离开关手柄有电气联锁和机械联锁，只有停止按钮按下后换向隔离开关手柄才能转动，换向隔离开关处于分开位置时，转动联锁杆，才能打开外壳盖子。

②内部元件布局。所有元件都装在铁底板上,底板固定在隔爆外壳内,其正面有:

a. 低压真空接触器。用来闭合和分断电力线路,并附有二常分二常闭辅助触头用于控制线路,其线圈吸合电压为36 V。

b. JDB－120D电动机综合保护器。用于电动机的过载、断相及短路保护,并对电动机、电缆实现漏电闭锁。

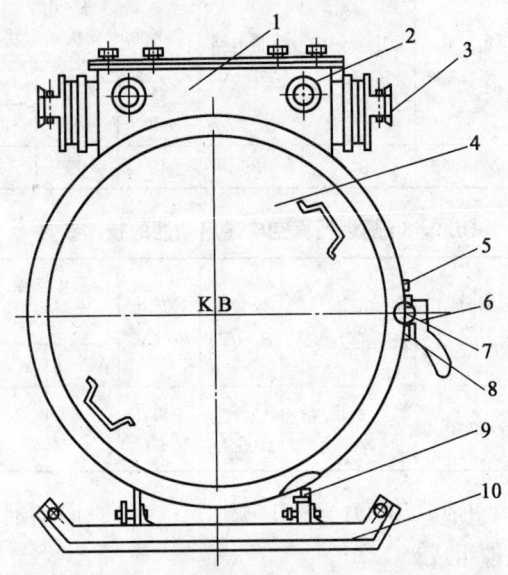

图3—37 BQD4－80隔爆型真空电磁启动器的隔爆外壳结构
1—接线箱 2—控制电路进线装置 3—主电路进线装置 4—主腔
5—启动按钮 6—换向隔离开关手柄 7—大盖联锁杆 8—停止按钮
9—外接地螺钉 10—托架

c. 变压器。采用KL型变压器,变压器变比为380 V/36 V、660 V/36 V,容量为200 V·A。

d. 熔断器。用于降压变压器短路保护。

e. 过电压保护器组件。由电阻、电容、钮子开关、熔断器和接线座组成,钮子开关用于实现远控或近控的转换,BLX小型熔断器用于对控制电路的短路保护，接线座用于连接导线。

底板背面有：

a. 换向隔离开关。供隔离电源用，在检查及维修时切断电源并可在电动机停止时变换电动机旋转方向，该换向隔离开关具有一定的分断能力，若按下停止按钮后接触器仍然吸合，可用换向隔离开关手柄分断电源，使电动机停止工作。

b. 控制按钮。用于就地控制电动机的启动或停止。

5）工作原理。BQD4－80隔爆型真空电磁启动器电气原理图如图3—38所示。

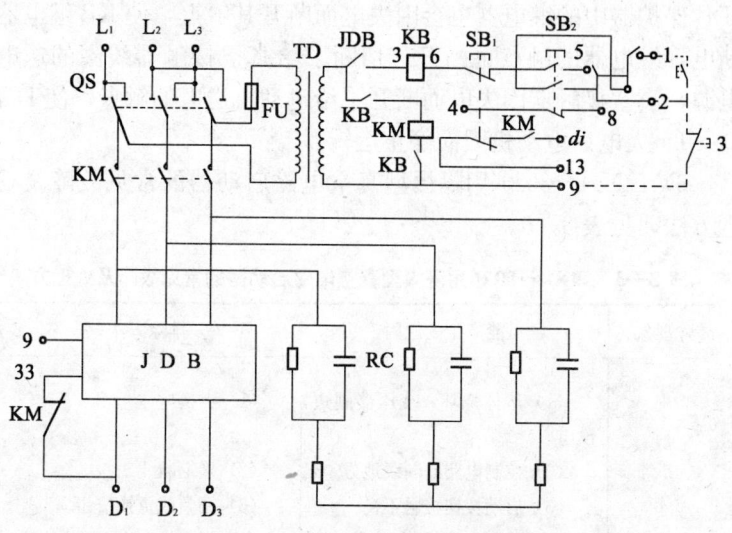

图3—38　BQD4－80隔爆型真空电磁启动器电气原理图

①启动。连接2号、9号接线端子（或把2号、9号端子接在瓦斯断电仪及风电闭锁开关的常闭接点上），关合QS隔离开关，当对地绝缘电阻检测正常时，JDB继电器触点关合。按启动按钮SB_1使继电器KB得电闭合，其触点闭合而使接触器KM线圈得电；并通过D_1、D_2、D_3给电动机送电，使电动机运转，

由于 KM 副触点锁住了 KB 线圈回路，所以继电器 KB 未因 SB_1 启动按扭的断开而断电。

②停止。在启动状态下，按 SB_2 停止按扭，KB 继电器断电而使其触点切断了给 KM 线圈送电的回路。真空接触器主触点断开，主回路失电，电动机停止运转。

③发生故障。电动机转动前，QS 合闸→漏电检测→绝缘电阻降低，JDB 保护器内继电器分断，即控制电路被断开→按启动按钮 SB_1 时，真空接触器拒绝启动。

电动机在启动前或运转过程中，发生短路、过载、断相时，JDB 保护器中的继电器也会因失电而断开其触点，使 KB 继电器断电，继电器的触点也断开，切断了给真空接触器线圈的送电电源，真空接触器因失电而断开了给电动机送电的触点，使 D_1、D_2、D_3 失电。电动机因而停止运转。

6) BQD4-80 矿用隔爆型真空电磁启动器的常见故障及处理方法，见表 3—5。

表 3—5　BQD4-80 矿用隔爆型真空电磁启动器的常见故障及处理方法

故障现象	可能产生的原因	排除方法
不启动	(1) 熔体烧坏，变压器副边没电 (2) 控制电路有断线地方 (3) 启动按钮接触不良 (4) 控制电压低于 26 V，使中间继电器不能可靠吸合 (5) 真空接触器两个线圈接线错误，作用于衔铁的电磁吸力抵消 (6) 真空接触器整流桥烧坏	(1) 更换熔体 (2) 接上断线 (3) 调整或更换按钮 (4) 提高控制电压 (5) 调换其中一个线圈的首尾 (6) 更换整流桥

续表

故障现象	可能产生的原因	排除方法
不能可靠工作	(1) 控制电压低于 26 V (2) 真空接触器反力过大 (3) 真空接触器辅助触点接触不良 (4) 真空接触器的运行机构卡住 (5) 真空接触器整流桥局部损坏,二极管开路 (6) 真空接触器开关管漏气	(1) 提高控制电压 (2) 重新调整反力弹簧 (3) 检修辅助触点组 (4) 检查方轴、轴套限位螺杆并排除故障 (5) 检查整流桥,更换二极管 (6) 更换开关管
释放缓慢	(1) 真空接触器反力弹簧损坏 (2) 真空接触器控制线路有短路匝,控制点接在交流侧	(1) 检查并更换弹簧 (2) 修复或更换线圈,控制点改装在直流侧
温升高	(1) 真空接触器线圈绝缘不良或短路 (2) 真空接触器辅助触点不能正常开断	(1) 修复或更换线圈 (2) 检修辅助触点
不停止	(1) 停止按钮失灵 (2) 中间继电器反力弹簧损坏	(1) 调整或更换停止按钮 (2) 修复或更换弹簧

3. 笼型电动机的启动控制线路

(1) 直接启动控制线路。笼型电动机直接启动是最为简便的启动方式,其缺点是具有较大的启动电流和启动电压降,因而使供电设备产生短时的过负荷。所产生的电压波动对其他电气设备也有影响。因此,笼型电动机直接启动时,若电网电压

为额定电压,其启动电压降必须满足如下规定:

1) 经常启动的电动机的启动电压降不得大于额定电压的 10%。

2) 不经常启动的电动机的启动电压降不得大于额定电压的 15%。

3) 在保证水泵所要求的启动转矩又不影响其他用电设备的正常运行时,启动电压降允许为额定电压的 20%或稍大。

笼型电动机直接启动时电动机的功率应按电源容量确定。由变电所供电的笼型电动机直接启动时,电动机的最大功率按以下规定执行:

1) 经常启动的电动机的最大功率之和不大于变压器容量的 20%。

2) 不经常启动的电动机的最大功率之和不大于变压器容量的 30%。

高压笼型电动机直接启动的控制设备可采用控制屏或笼型电动机控制箱。不经常启动的高压笼型电动机可采用高压开关柜的油断路器直接启动。

煤(岩)与瓦斯突出的矿井高压笼型电动机应采用隔爆型高压真空配电装置直接启动。

因为笼型电动机启动电流为额定电流的 4～7 倍,所以过流保护装置的整定值应既能保证电动机的启动,又能保证过流保护装置的灵敏度符合规定。

(2) 减压启动控制线路。减压启动就是将额定电压降为较低的电压启动,然后再接入额定电压,这种启动方式可以减小启动电流,适合于电网容量较小,电动机功率较大的设备。但因为电动机的转矩和电压的平方成正比,因此,其缺点是启动转矩较小。

常用的减压启动方式有:电抗器减压启动;自耦变压器减压启动;Y－△减压启动。

1）电抗器减压启动。电抗器减压启动主要是利用启动电流经过电抗器降低电压而启动电动机。

GKF－H_1 高压笼型电动机电抗启动柜和 QKSJ 型电抗器配合，适用于 1 500 kW 以下笼型电动机的减压启动。如图 3—39 所示为该启动柜的电气原理图。

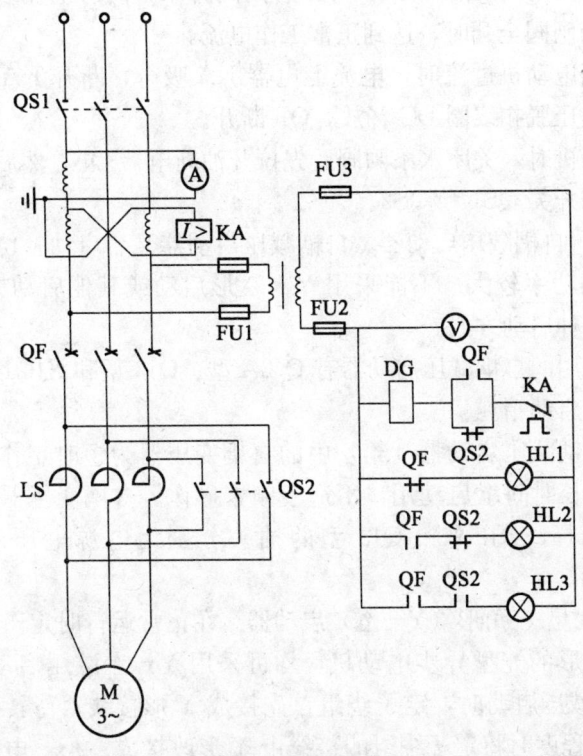

图 3—39　GKF－H_1 高压笼型电动机电抗启动柜的电气原理图

水泵启动时，先合上电源隔离开关 QS1，电压表 V 即指示电源电压，同时电源指示灯绿灯 HL1 亮。当水泵灌引水后，合上油断路器 QF，高压电源经过电抗器 LS 后通入电动机 M，电动机在减压后启动，此时，QF 辅助常闭触点断开，绿灯 HL1 灭，QF 辅助常开触点闭合，黄灯 HL2 亮。当电动机加速到一定值时，电流表指数由大到小，指示稳定。此时合上开关 QS2，电抗器 LS 被短接，电动机达到全压正常运行。此时，QS2 常闭触点断开，指示灯 HL2 灭，QS2 常开触点闭合，红色指示灯 HL3 亮，水泵启动结束。可开启闸阀排水，同时电流表指示上升，当闸阀全开时，达到正常工作电流。

当电动机过流时，电流继电器 KA 吸合，断开 KA 常闭触点，失压脱扣线圈 DG 释放，QF 断开。

停机时，关闭水泵闸阀后先拉开油断电器 QF，然后分别拉开隔离开关 QS1 和 QS2。

2）自耦减压启动器。自耦减压启动器又名启动补偿器。在电动机功率较大、不能采用 Y－△形启动或其他启动方式时，才用这种启动方式。

常用的自耦减压启动器有 QJ2A 型、QJ3 型和 XJO1 型等自耦减压启动箱。

自耦减压启动器（箱）中的自耦变压器为短时工作制，只适宜做长时间歇启动用，不适于频繁操作。自耦变压器有抽头以供选择，QJ2A 和 QJ3 型的抽头分别为电源电压的 80％ 和 65％。

3）星-三角形（Y－△）启动器。在正常运行时定子绕组接成三角形的笼型异步电动机，均可采用 Y－△减压启动方式。Y－△减压启动时，定子绕组首先接成 Y 形接线，待转速上升到一定程度时将定子绕组的接线由 Y 形改接成△形，电动机便进入全电压正常运行。

电动机的定子绕组接成 Y 形启动时，绕组电压低于线电压，启动力矩和启动电流均为全电压启动的 1/3，随后将三相绕组转换成△形接线。这种启动方式的启动力矩较小，一般只适用于轻载启动。

4. 绕线转子异步电动机的启动控制线路

三相绕线转子异步电动机是通过滑环在转子绕组中串接外加电阻来达到减小启动电流、提高转子电路的功率因数和增加启动转矩的目的。对于不需要调速的绕线转子电动机一般采用油浸启动变阻器或频敏变阻器作为启动设备。

(1) BU_1 型油浸启动变阻器。BU_1 型油浸启动变阻器由电阻元件和转换装置组成。电阻元件和转换装置均放在油箱内,油箱下部有放油塞,上部有接线端子供导线或电缆引入。转换装置为鼓形,变阻器带电部位浸在变压器油内。

BU_1 型油浸启动变阻器,主要用于长期工作,偶尔启动且不可逆运转的机械。全负荷启动时用于 500 kW 以下的电动机;半负荷启动时,用于 1 000 kW 以下的电动机。油浸启动变阻器有较大的热容量,发热和冷却均较慢;因此,变阻器在安全冷却的情况下,可连续启动 3 次,但每两次之间至少需间隔两倍启动时间。以后启动需等变阻器完全冷却后才能进行。

变阻器油箱中必须有足够的合格的变压器油。在启动完毕之后,应用举刷装置将电刷举起,同时将滑环直接短路。当电动机停止时,应把电刷重新放下,且把油浸变阻器的手柄转至起始位置,以便第二次启动。如果没有举刷装置,可用接触器短路,决不可让变阻器的动触点长期通过运转电流。

(2) 频敏变阻器启动。频敏变阻器由线圈与铁心组成,在结构上与铁心电抗器相似,频敏变阻器的铁心通常是由厚 10 mm 以上的钢板叠成。当线圈两端加上交流电压后,交变磁通便在铁心的厚钢板中产生很大的涡流,使频敏变阻器具有电抗器与电阻器的作用,相当于一个电阻器与电抗线圈并联的组合体。

异步电动机在启动过程中,转子电流的频率 f_2 与电源频率

f_1 的关系为：$f_2 = sf_1$，s 为转差率。在启动时电动机转速为零，转差率 s 为 1，即 $f_2 = f_1$；随着电动机转速的上升，转差率 s 减小，f_2 逐渐下降。随着转子电流频率的下降，一方面使频敏变阻器的电抗逐渐减小，另一方面也使铁心中涡流集肤效应逐渐减弱，等效电阻自动减小。频敏变阻器的等效电阻与电抗都随着转差率 s 的减小而减小，从而使电动机逐渐加速，直至达到正常运转速度。

复习思考题

1. 常见的矿井排水方式有哪几种？
2. 矿井排水系统由哪几部分组成？
3. 《煤矿安全规程》对泵房的温度有什么要求？
4. 泵房密闭门设置在什么地方？有何作用？
5. 水仓的作用是什么？
6. D型离心式水泵由哪几部分组成？
7. 简述离心式水泵的工作原理。
8. 简述离心式水泵的主要参数及各参数的定义。
9. 什么是气蚀现象？
10. 什么是水泵的性能曲线？
11. 什么是管路的特性曲线？
12. 什么是离心式水泵的工况点？
13. 离心式水泵轴向力产生的原因是什么？
14. 离心式水泵轴向力平衡的方法有哪些？
15. 什么叫离心式水泵的联合运行？简述水泵联合运行的方式和特点。
16. 简述真空泵启动排水的原理。
17. 简述射流泵启动排水的原理。
18. 简述三相笼型异步电动机的构造。

19. 简述三相笼型异步电动机的工作原理。

20. 绕线转子异步电动机与笼型异步电动机的主要区别是什么?

21. BGP9L－6G 矿用隔爆型高压真空配电装置具有哪些保护功能?

22. 笼型电动机常用的减压启动方式有哪几种?

第四章 水泵安全运行

第一节 矿用水泵的安全操作与经济运行

一、对排水泵工的基本要求

1. 排水泵工必须学习本岗位安全操作规程及有关安全知识,按国家规定经过健康检查、应知应会培训和考试,合格后发给操作证,方可持证上岗操作,并参加定期复训考核。

2. 必须熟悉排水设备的构造、原理、性能、特点,做到会使用、会保养、会排除一般故障,能独立操作排水设备。

3. 严格遵守有关规章制度和劳动纪律,严禁喝酒上班,上班前必须穿戴好劳保用品,班中不得干与工作无关的事。

4. 必须实行现场交接班,不准擅自离开工作岗位,必须离开时,一定要采取可靠的安全措施。

5. 上班时必须详细检查设备、工具,如发现不良情况,必须立即处理或汇报,严禁勉强使用。

6. 操作时必须注意周围环境有无影响人身和设备安全的情况。工作中应高度集中注意力,严禁闲谈、嬉戏、吵闹。

7. 两人以上一起工作时,必须明确一名负责人,各司其责,互相配合和监护。

8. 硐室入口应悬挂"非工作人员,不准入内"的标志牌,严禁闲人在水泵房逗留。

二、水泵的安全操作

1. 水泵启动前的检查及准备工作

(1) 检查各紧固螺栓是否齐全，不得松动。

(2) 联轴器间隙应符合规定，防护罩应安装可靠，不得妨碍水泵运转。

(3) 轴承润滑油油质好、油量适当、油环转动平稳、灵活；强迫润滑系统的油泵、管路应完好可靠。

(4) 检查吸水管路是否正常，底阀没入水中深度、吸水几何高度是否符合水泵允许吸上真空度规定。

(5) 检查接地装置是否符合有关规定。

(6) 电控设备各开关手把应处在停车位置。

(7) 对于滑环电动机应检查滑环与炭刷是否接触良好。

(8) 电源电压应在额定电压的±5%范围内。

(9) 按照待开水泵在管道上连接的位置，选择阻力最小的水流方向，开（关）管道上有关分水闸阀（水泵出口阀门关闭不动）。

(10) 检查盘根松紧是否适当，盘车2～3转，检查水泵转动部分有无卡滞现象。

(11) 对于需要强迫润滑的泵组（如DS450型、12GD型）应先启动润滑油泵，保证电动机、水泵各轴承润滑正常。

(12) 对检查发现的问题，必须及时处理或汇报当班负责人，待处理完毕符合要求后，方可启动该水泵。

(13) 人力扳动水泵电动机联轴器，使其空转2～3圈，确认水泵电动机无卡滞，运转灵活。

2. 水泵排真空

(1) 排水泵有底阀时，应先打开灌水阀和放气阀，向泵体内灌水，直至泵体内空气全部排出（放气阀的排气孔见水），然后关闭以上各阀。

(2) 采用无底阀排水泵时，应先开动真空泵或射流泵，将泵体、吸水管抽到一定真空度（真空表稳定在相应的读数上），再停真空泵或射流泵。

(3) 采用正压排水时,应先打开进水管的阀门,然后打开放气阀,直到放气阀的排气孔见水,关闭放气阀。

3. 启动水泵电动机

(1) 启动高压电气设备前,必须戴好绝缘手套,穿好绝缘靴。

(2) 笼型电动机直接启动时,合上电源开关,待电流达到正常时,打开水泵出水口阀门。

(3) 绕线转子电动机启动时,应先将电动机滑环手把打到"启动"位置上,启动器手把在"停止"位置合上电源开关,待启动电流逐渐回落时,逐级切除启动电阻,使转子短路,并将电动机滑环手把打到"运行"位置,电动机达到正常转速,最后将启动器手把扳回"停止"位置。

(4) 笼型电动机用补偿器启动时,应先将手把推到启动位置,待电动机达到一定速度,电流返回时,由启动柜自动(或手动)切除全部电抗,电动机进入正常运行。

4. 操作阀门

待电动机转速达到正常状态后,慢慢将水泵排水管上的闸阀全部打开,同时注意观察真空表、压力表、电压表、电流表的指示是否正常。若一切正常表明启动完毕。若根据声音及仪表指示判断水泵没上水,应停止电动机运行,重新启动。为了避免水泵发热,在关闭出水闸阀时运转不能超过 3 min。

5. 停机

(1) 水泵的正常停机

1) 慢慢关闭水泵出水闸阀,使水泵进入空转状态。

2) 关闭压力表和真空表、进水闸阀。

3) 切断电动机的电源,电动机停止运行。

(2) 水泵运行中的故障停机

1) 水泵运行中出现下列情况之一时,应紧急停机。

①水泵和电动机发生异常振动或有故障性异响。

(1) 检查各紧固螺栓是否齐全，不得松动。

(2) 联轴器间隙应符合规定，防护罩应安装可靠，不得妨碍水泵运转。

(3) 轴承润滑油油质好、油量适当、油环转动平稳、灵活；强迫润滑系统的油泵、管路应完好可靠。

(4) 检查吸水管路是否正常，底阀没入水中深度、吸水几何高度是否符合水泵允许吸上真空度规定。

(5) 检查接地装置是否符合有关规定。

(6) 电控设备各开关手把应处在停车位置。

(7) 对于滑环电动机应检查滑环与炭刷是否接触良好。

(8) 电源电压应在额定电压的 $\pm 5\%$ 范围内。

(9) 按照待开水泵在管道上连接的位置，选择阻力最小的水流方向，开（关）管道上有关分水闸阀（水泵出口阀门关闭不动）。

(10) 检查盘根松紧是否适当，盘车 2~3 转，检查水泵转动部分有无卡滞现象。

(11) 对于需要强迫润滑的泵组（如 DS450 型、12GD 型）应先启动润滑油泵，保证电动机、水泵各轴承润滑正常。

(12) 对检查发现的问题，必须及时处理或汇报当班负责人，待处理完毕符合要求后，方可启动该水泵。

(13) 人力扳动水泵电动机联轴器，使其空转 2~3 圈，确认水泵电动机无卡滞，运转灵活。

2. 水泵排真空

(1) 排水泵有底阀时，应先打开灌水阀和放气阀，向泵体内灌水，直至泵体内空气全部排出（放气阀的排气孔见水），然后关闭以上各阀。

(2) 采用无底阀排水泵时，应先开动真空泵或射流泵，将泵体、吸水管抽到一定真空度（真空表稳定在相应的读数上），再停真空泵或射流泵。

(3) 采用正压排水时,应先打开进水管的阀门,然后打开放气阀,直到放气阀的排气孔见水,关闭放气阀。

3. 启动水泵电动机

(1) 启动高压电气设备前,必须戴好绝缘手套,穿好绝缘靴。

(2) 笼型电动机直接启动时,合上电源开关,待电流达到正常时,打开水泵出水口阀门。

(3) 绕线转子电动机启动时,应先将电动机滑环手把打到"启动"位置上,启动器手把在"停止"位置合上电源开关,待启动电流逐渐回落时,逐级切除启动电阻,使转子短路,并将电动机滑环手把打到"运行"位置,电动机达到正常转速,最后将启动器手把扳回"停止"位置。

(4) 笼型电动机用补偿器启动时,应先将手把推到启动位置,待电动机达到一定速度,电流返回时,由启动柜自动(或手动)切除全部电抗,电动机进入正常运行。

4. 操作阀门

待电动机转速达到正常状态后,慢慢将水泵排水管上的闸阀全部打开,同时注意观察真空表、压力表、电压表、电流表的指示是否正常。若一切正常表明启动完毕。若根据声音及仪表指示判断水泵没上水,应停止电动机运行,重新启动。为了避免水泵发热,在关闭出水闸阀时运转不能超过 3 min。

5. 停机

(1) 水泵的正常停机

1) 慢慢关闭水泵出水闸阀,使水泵进入空转状态。

2) 关闭压力表和真空表、进水闸阀。

3) 切断电动机的电源,电动机停止运行。

(2) 水泵运行中的故障停机

1) 水泵运行中出现下列情况之一时,应紧急停机。

①水泵和电动机发生异常振动或有故障性异响。

②水泵不上水。
③泵体漏水或闸阀、法兰喷水。
④启动时间过长,电流不返回。
⑤电动机冒烟、冒火。
⑥电源断电。
⑦电流值明显超限。
⑧其他紧急情况。
2) 紧急停机按以下程序进行。
①拉开负荷开关,停止电动机运行。
②电源断电停机时,拉开电源刀闸。
③关闭水泵出水阀门。
④上报主管部门,并做好记录。

三、水泵的经济运行

排水设备的用电量在矿井综合电耗中占有较大的比例,一般达10%～30%,大水矿井甚至达到80%以上。其中大部分电耗是合理的;但是,由于水泵、吸排水管路、水仓状况和综合管理等方面的原因,可能造成一定数量的不合理电耗。为了降低电耗,达到排水设备的经济运行,必须采取切实可行的措施提高排水系统的效率。

矿井主排水系统经济运行的标准是系统工序能耗(即吨水百米电耗)不大于 $0.5 \text{ kW} \cdot \text{h}/(\text{t} \cdot \text{hm})$,排水系统效率不低于60%,如果达不到这个标准,就要查找原因,并采取相应的措施进行解决。

矿井主排水系统的经济运行主要应考虑以下几个方面:

1. 选用新型高效节能水泵

淘汰老、旧型号的低效水泵,选用新型高效节能水泵,如采用D型离心式水泵等。

2. 优化设计排水系统

(1)尽量避免排水管路管径规格不一的现象,把吸、排水管中的水流速度分别控制在 1.5～1.8 m/s，1.8～2.2 m/s 范围内。

(2) 避免不同型号（规格）的水泵并联运行，应按通过试验确定的经济运行方式开启水泵。

(3) 尽量减少吸、排水管的转弯个数，避免吸、排水管的急弯。

3. 开展排水设备的技术测定

开展排水设备的经济运行，就必须定期对排水设备进行技术测定，通过技术测定才知道排水设备是不是经济运行，哪一台水泵效率低，哪一台水泵效率高，哪一条管路阻力损失大，哪一条管路阻力损失小；司泵人员知道测定情况后，可以择优运行，多开高效泵；维修人员知道测定情况后，可以加强对低效泵的检修。总之，做到心中有数，这是开展经济运行的基础工作。

排水设备的技术测定，可分为厂内试验和现场测定：当水泵大修后，可在厂内对水泵进行性能试验，以检查大修质量；水泵在使用过程中，水泵的效率怎样？与排水管路、电动机组成的排水系统的效率怎样？要定期进行现场测定，水泵司机应参加排水设备的现场测定，一方面配合测定工作，另一方面了解测定结果以便于掌握排水设备效率情况，为经济运行打下基础。这里只做简单介绍，以使水泵司机对技术测定有个概念。

(1) 试验项目

1) 测定实际工况点的流量 q_V，m^3/h；

2) 测定实际工况下的总扬程 H，m；

3) 测定实际工况下的轴功率 P，kW；

4) 测定实际工况下的转速 n，r/min；

5) 必要时在实际工况流量至流量为 0 之间选择若干点，分别测定 q_V；H，P，n；

6）根据上面测定的参数，计算水泵的效率 η，管路系统效率 η_d 以及排水系统效率 η_c；

7）进行分析，并绘制排水设备特性曲线。

(2) 测定前的准备工作

1）准备好测定仪器、工具，进行必要的校正和清点。

2）收集一些原始数据：如排水几何高度，可事先向矿井测绘人员联系索取；排水管路直径、管长也可向有关人员了解；管内壁积垢厚度，可事先组织拆开一节或多节管路进行实地调查。

3）测定人员组织分工，让测定人员事先熟悉测试要求。

4）由于测流量多数在地面或者在井下排水管出水端，而测扬程、功率及转速则在井下水泵房，测流量的地点与井下水泵房又有一定的距离，因此，在测定前就如何联系的事项应事先确定好（特别是在要测定数个工况点的参数时，联系工作更为重要）。

5）事先应对所测水泵、电动机有所了解，测定仪器应能满足这台水泵的要求。

6）如果只测实际工况点，比较简单；如果要测数个工况点，应以压力表指示为准，从压力最高点（流量接近为零时）到现在工况点之间，以压力表指示接近于整数来划分若干点进行，从压力最高点逐渐向低压力进行。每测一点，压力、流量、功率和转速都应同时记录。

(3) 流量的测定。流量的测定方法很多，矿井测定水泵流量一般可选用下列方法：水堰、管式流量计、环秤式差压计、浮子式差压计、涡轮流量计和电磁流量计等（在这里只对水堰、管式流量计两种测定方法进行简单介绍）。

1）水堰。水堰由堰板和堰槽构成（图 4—1 所示为堰槽结构），当水流经过堰板的堰口时，根据堰上水头的高低，即可计算出流量。

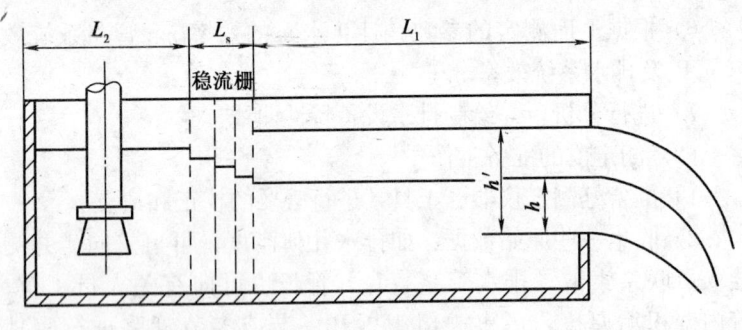

图 4—1 堰槽结构

根据堰口结构的不同,可分为三角堰、矩形堰、全宽堰等 3 种,每种堰口的构造尺寸由于所测流量的不同而有不同的要求。如图 4—2 所示为矩形堰堰口。

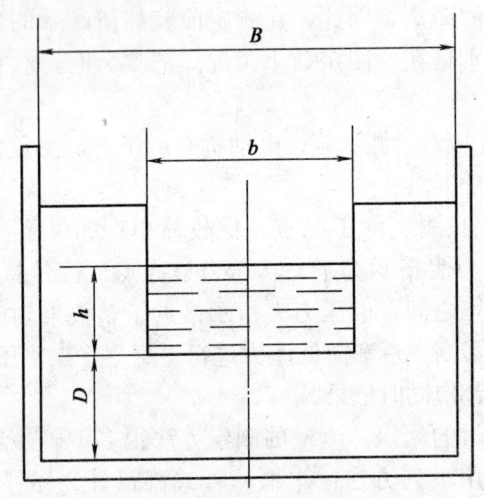

图 4—2 矩形堰堰口

测量堰上水头,一般是指水流的上水面至堰口底点或堰口下边缘的垂直距离。为避免近堰板处水面降低而引起的误差,测定水头 h 处离堰口的距离应等于 $200 \sim B$ mm,可以采用标尺或钩针测量水头。

矩形堰流量计算公式为：
$$q_v = cbh^{3/2}$$

式中　q_v——流量，L/s（如用 m³/h 为单位须再乘以 3 600/1 000）；

　　　h——堰水头，m；

　　　b——堰口宽度，m；

　　　c——流量系数，实际测量时，不一定按公式计算，可以直接查表即可求得（参看《矿山固定设备技术测定》）。

2）管式流量计。管式流量计分为喷嘴、孔板和文吐里管 3 种。管式流量计直接装在管路上，利用水流通过喷嘴（见图 4—3）、孔板、文吐里管的缩小断面，使其流速加快，动压增加，因而在测压断面之间产生相应的压差，用压差计测量出压差值即可计算出相应的流量。其计算公式如下：

$$q_v = 0.000\,39 cd^2 h^{1/2}$$

式中　q_v——流量，L/s；

　　　h——水银差压计读数，mmHg（1 mmHg＝133.3 Pa）；

　　　d——喷嘴或孔板的开口直径，文吐里管喉部直径，mm；

　　　c——流量系数，可以查表。

（4）扬程的测定

1）水泵总扬程的测定。可以通过水泵排水口所装压力表读数 p_1（kg/cm²）及装在水泵吸入口的真空表读数 p_m（mmHg）近似地求出：

$$H = 10 p_1 + 0.013\,6 p_m$$

式中　H——总扬程，m；

　　　p_1——压力表读数，kg/cm²；

　　　p_m——真空表读数，mmHg。

2）排水垂高（几何高度）的测定。可以通过测量人员所测

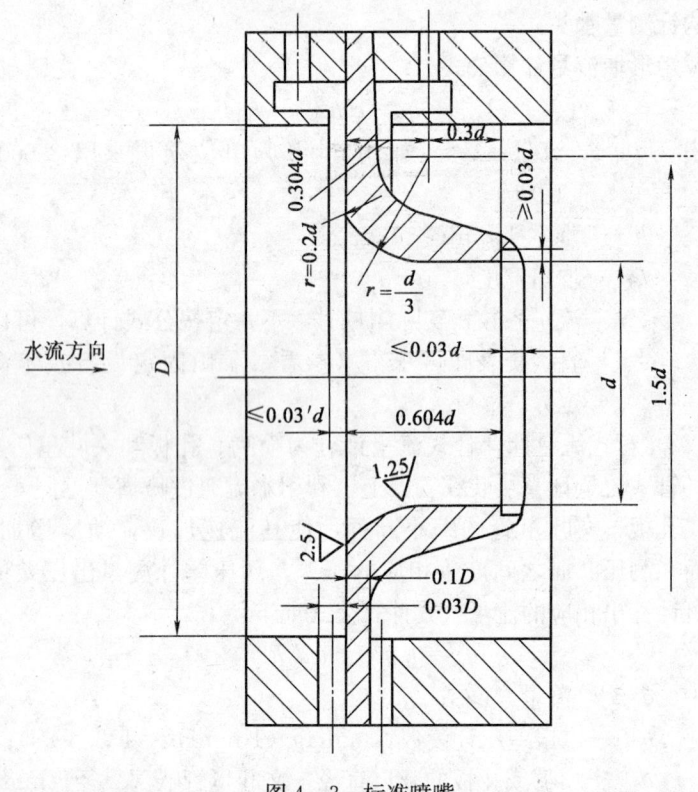

图 4—3 标准喷嘴

绘的采掘工程平面图或地质图上标高差来求得，也可在水泵闸阀上方装一块压力表，停泵关好闸阀，记下静压（压力表读数）再乘以 10 即可求出。排水垂高的计算公式为：

$$H_g = 10 p_2 + H_s + H_z$$

式中　H_g——排水垂高，m；

p_2——静压，kg/cm^2；

H_s——水泵中心线至吸水井水面距离，m；

H_z——装静压压力表处至水泵中心线距离，m。

3) 管路阻力系数计算：

$$H = H_g + H_l$$
$$H_l = R_T q_V^2$$

即：$H = H_g + R_T q_V^2$

式中　H——总扬程，m；

　　　H_g——排水垂高，m；

　　　H_l——管路损失压头，m；

　　　R_T——管路阻力系数；

　　　q_V——流量，m³/min。

当已知任一点的总扬程 H、排水垂高 H_g、流量 q_V 后，即可求出管路阻力系数 R_T。

$$R_T = (H - H_g) / q_V^2$$

知道 R_T 后，即可求出不同流量 q_V 所对应的 H_l，也可求出对应的 H。从而可绘出管路特性曲线。

(5) 水泵轴功率及效率的测定和计算

1) 水泵的功率测定和计算。水泵的有效功率是指水泵输出功率，也叫理论功率，其计算公式如下：

$$P_e = \frac{q_V H \rho_{水}}{60 \times 102}$$

式中　P_e——水泵的有效功率，kW；

　　　q_V——水泵流量，m³/min；

　　　H——水泵总扬程，m；

　　　$\rho_{水}$——水的密度，kg/m³。

水泵的轴功率是指水泵输入功率，当水泵直接由电动机驱动时，就等于电动机的输出功率。

轴功率可根据测到的扭转力矩计算，也可根据测到的电动机输入功率和电动机效率相乘而得到。

2) 水泵和排水系统效率计算。水泵效率是指水泵有效功率与轴功率之比，即：

$$\eta = \frac{P_e}{P} \times 100\% = \frac{q_v H \rho_{水}}{60 \times 102 P} \times 100\%$$

式中　P——水泵轴功率。

管路效率是指水泵排水垂高与水泵总扬程之比，即：

$$\eta_g = \frac{H_g}{H} \times 100\%$$

排水系统效率是指排水设备的总效率，等于水泵效率、管路效率、电动机效率的乘积。即：

$$\eta_c = \eta \eta_g \eta_d = \frac{q_v H_g \rho_{水}}{60 \times 102 P_g} \times 100\%$$

式中　η_c——排水系统效率；

　　　η_d——电动机效率；

　　　P_g——电动机输入功率，kW。

(6) 水泵测定完毕的有关事项。根据计算整理结果以及绘制的水泵和管路特性曲线，进行分析。首先要与水泵原有的特性曲线比较，并按下列要求，评定质量，找出原因，改善工况。

1) 工况点的效率为该水泵最高效率 90% 以上。
2) 在额定扬程下，水泵流量不低于额定流量的 90%。
3) 排水系统的效率应在 60% 以上。
4) 在额定流量和扬程下，不超过电动机额定功率。
5) 水泵不允许发生气蚀现象。
6) 水泵不允许有较大振动。

(7) 水泵技术测定实例（以矩形堰测定为例）

1) 水泵技术数据。水泵型号为 200D43×7，流量 $q_v = 4.8\ \mathrm{m^3/min}$；扬程 $H = 301\ \mathrm{m}$；转速 $n = 1\,480\ \mathrm{r/min}$。

2) 矩形堰规格。水泵试验布置示意图如图 4—4 所示，图中矩形堰的规格为：$B = 1.84\ \mathrm{m}$；$b = 0.75\ \mathrm{m}$；$D = 0.8\ \mathrm{m}$。

3) 矩形堰流量计算公式

$$q_v = cbh^{3/2}\ (\mathrm{L/s})$$

式中 $c=1785+2.95/h+237h/D-428[(B-b)h/(DB)]^{1/2}+34(B/D)^{1/2}$

根据图4—4所示的试验布置,在水泵测定中得到的原始数据见表4—1。

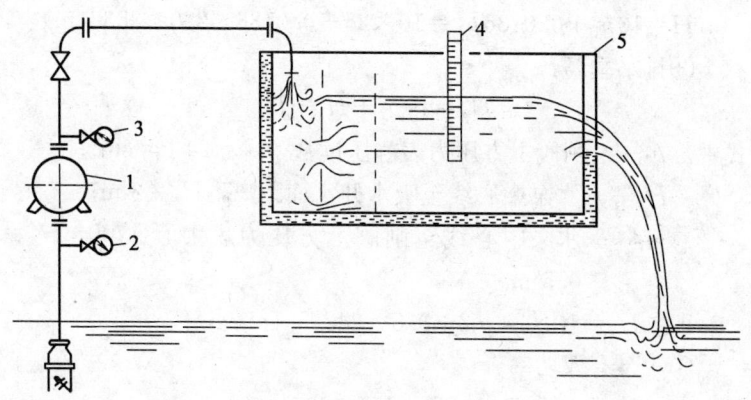

图4—4 水泵试验布置示意图
1—水泵 2—真空表 3—压力表 4—标尺或钩针 5—矩形堰

表4—1　　　　　　　水泵测定原始数据

实测项目	单位	测　　点									
		1	2	3	4	5	6	7	8	9	10
压力表 p_1	kg/cm²	25	25.3	26	27	28	29.5	32	34	34	32
真空表 p_m	mmHg	220	230	220	220	220	220	220	190	170	190
堰水头 h	mm	170	169	167	163	155	145	127	93	32	0
轴功率 P	kW	360	357	354	351	345	325	290	220	190	150
静压头 p_2	kg/cm²	24	24	24	24	24	24	24	24	24	24

4)水泵各参数计算过程,以第一点为例。

①流量:

$c=1785+2.95/h+237h/D-428[(B-b)h/(DB)]^{1/2}+34(B/D)=1785+2.95/0.17+237×0.17/0.8-428×[(1.84$

$-0.75) \times 0.17/ (0.8 \times 1.84)]^{1/2} + 34 \times (1.84/0.8)^{1/2} = 1\,752$

$q_v = cbh^{3/2} = 1\,752 \times 0.75 \times 0.17^{3/2} = 92.1$ （L/s）$= 5.5$（m³/min）

②扬程：

$H = 10p_1 + 0.0136p_m = 10 \times 25 + 0.0136 \times 220 \approx 253$（m）

③排水垂高：

$$H_g = 10p_2 + H_s + H_z$$

式中　p_2——闸阀上方压力表静压读数，$p_2 = 24$ kg/cm²；

　　　H_s——水泵中心线至吸水井水面距离，$H_s = 2$ m；

　　　H_z——水泵中心线至闸阀上方压力表中心距离，$H_z = 0.5$ m。

即：$H_g = 10 \times 24 + 2 + 0.5 = 242.5$（m）

④水泵有效功率：

$$\begin{aligned} P_e &= q_v \rho_水 H/(60 \times 102) \\ &= 5.5 \times 1\,000 \times 253.0/(60 \times 102) \\ &= 227 \text{（kW）} \end{aligned}$$

⑤水泵效率：

$\eta = (P_e/P) \times 100\% = (227/360) \times 100\% = 63\%$

⑥其他各点参数的计算结果，见表 4—2。

表 4—2　　　　各点参数的计算结果

计算项目	单位	测点									
		1	2	3	4	5	6	7	8	9	10
流量 q_v	m³/min	5.5	5.45	5.39	5.19	4.89	4.39	3.63	2.3	1.43	0
扬程 H	m	253	256.1	263	273	283	298	323	342.6	342.3	322.5
有效功率 P_e	kW	227	228	230	232	227	215	192	129	80.5	0
水泵效率 η	%	63	64	65	66	66	65.8	65.4	58.5	42.3	0

⑦管路特性参数的计算。管路阻力系数：

$$R_T = (H - H_g)/q_v^2$$

上式中，q_V 及 H 为水泵正常运转的参数，将表 4—2 中第一点参数代入上式得：

$$R_T = (253 - 242.5)/5.5^2 = 0.35$$

故管路特性方程为：

$$H = H_g + R_T q_V^2 = 242.5 + 0.35 q_V^2$$

然后分别给出不同的流量 q_V，求解对应扬程 H，即可得出管路流量 q_V 与扬程 H 的关系表（见表 4—3）。

表 4—3　　　　管路流量 q_V 与扬程 H 的关系表

流量 q_V （m³/min）	0	1	2	3	4	5	6	7	8
扬程 H （m）	242.5	242.9	243.9	245.7	248.1	251.3	255.1	259.7	264.9

⑧绘制水泵和管路特性曲线。根据表 4—2 和表 4—3 中的数据，分别在同一坐标纸上绘出水泵特性曲线和排水管路特性曲线，如图 4—5 所示。

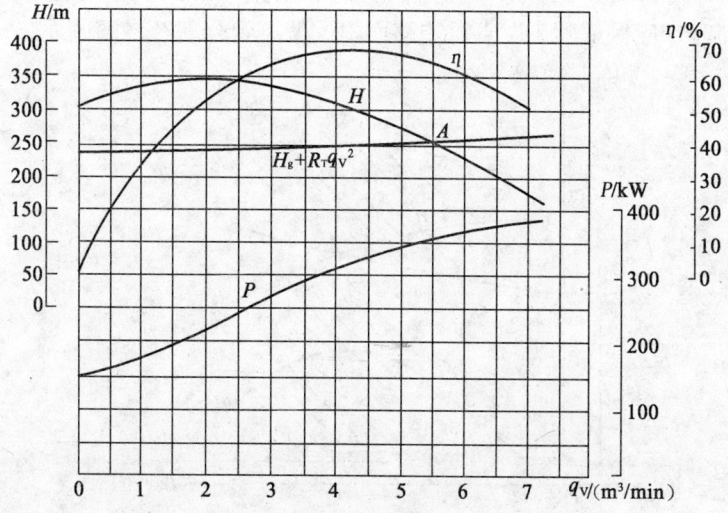

图 4—5　水泵特性曲线和排水管路特性曲线

由图 4—5 可知，水泵工况点（A 点）的参数为：$q_V=5.5$ m³/min；$H=253$ m；$P=360$ kW；$\eta=63\%$。

⑨管路效率和排水系统效率

管路效率 $\eta_g=(H_g/H)\times 100\%=(242.5/253)\times 100\%=95.8\%$。

排水系统效率 $\eta_c=\eta\times\eta_g\times\eta_d=0.63\times 0.958\times 0.9=0.54$。上式中，$\eta_d=0.9$（电动机效率，测定方法略）。

4. 合理使用水泵

（1）合理选择水泵的工况点。由水泵和管路组成的排水系统，其工况点由它们的特性曲线的交点确定。水泵运行工况离开设计工况点越远，效率就越低，因此，选择工况点应注意：

1) 应在水泵工况点的经济合理区域（见图 4—6）选择工况点，在这个区域内，水泵的效率不低于最高效率的 90%。

2) 新水泵或新管路选择工况点应在 M 点右方，但不超越经济合理区域。当水泵叶轮磨损后性能下降或管路积垢后特性变陡时，应保证其工况点虽左移而不致偏离到合理经济区域外。

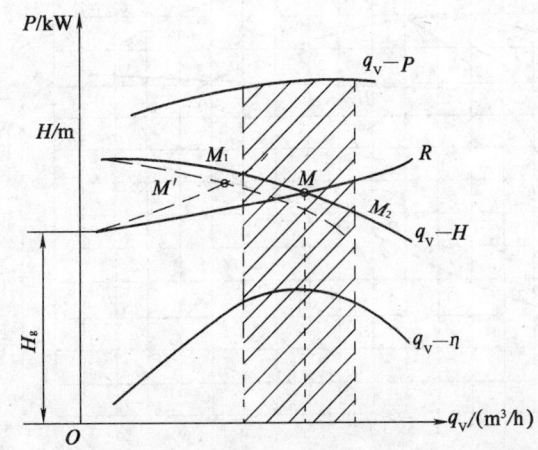

图 4—6 水泵工况点的经济合理区域

3) 不产生气蚀。吸上真空高度在相应工况点不超过允许吸上真空高度。

(2) 离心泵的运行工况点调节。离心泵在管路系统中工作，管路特性曲线和泵扬程曲线的交点是该泵的工作点。水泵的运行工况调节就是改变泵的工作点。改变泵的工作点可以从改变管路的特性曲线或改变泵的扬程曲线这两个途径着手。

1) 改变管路特性曲线调节法

①阀门调节。改变管路的特性曲线，最常用的办法是节流法，主要靠调节阀门的开度来实现。改变阀门开度大小，从而改变阀门的局部水力损失，使管路的特性曲线发生变化，由此改变泵的工作点，达到了调节流量的目的，此调节方法非常简单，应用很广。但减少流量是靠增加阀门的局部阻力系数来实现的，故增加了额外的能量损失。

调节流量的阀门只能安装在泵的出口管路上。因为装在泵的吸入管路上会增加吸入装置的水头损失，使装置空化余量减少，易引起空化。

②旁路分流调节。在泵出口设一旁路分流管与吸水井相连，分流管路上装有阀门。通过调节旁路阀门开度，使旁路特性曲线发生变化，从而使旁路和主管路的并联合成特性曲线发生变化，起到调节主管路流量的作用。增设旁路分流后，泵的流量增大了，故这种方法适合于轴功率随流量增大而减小的泵，否则就会浪费电能。

2) 改变水泵的性能的调节法。改变水泵的性能即改变水泵的扬程曲线，从而改变水泵的工作点。主要有如下几种调节法：

①改变水泵的转速。改变水泵转速的方法通常有 3 种。

a. 带轮调速：水泵与电动机采用三角皮带传动，通过改变水泵或电动机的带轮大小来调整水泵转速。这种方法在国内水泵运行中广泛采用，缺点是调整范围受到限制，且不能随时自动调整，需停机换轮。

b. 变频调速：利用变频调速器，通过改变电流频率来改变电动机转速，从而改变水泵的转速。该方法的优点是能实现泵转速的自动调节。变频调速在国外已普遍使用，由于变频调速器价格较高，在国内目前应用尚不普遍。

c. 采用变速电动机：由于这种电动机较贵，且效率较低，故应用亦不广泛。

②减少水泵多余扬程。当水泵选型不合理，富裕扬程过多时，如图 4—7 所示，工况点右移（M_1 点），甚至超过合理经济区域，效率明显下降；流量增大，电动机负荷升高甚至过负荷；吸上真空高度加大，甚至产生气蚀，这些不合理现象，都是不经济、对水泵运行不利的，必须加以调整解决。

为了解决这些问题，可以把闸阀的开度减小。采用这种办法，虽然可以解决这些现象，但人为地增加了管路阻力，所以是不经济的。

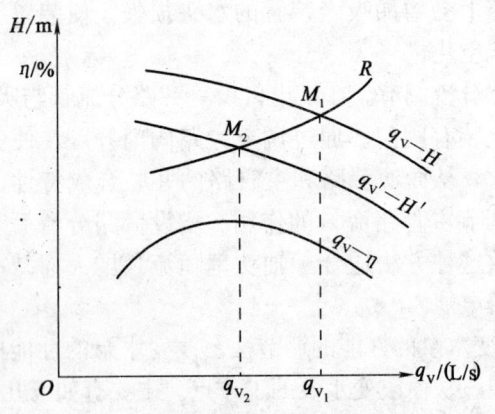

图 4—7　减少多余扬程，调节工况点

当管路特性一定时，为了使工况点左移，就必须改变 q_V—H 曲线，使之下移，如图 4—7 中 q_V'—H' 曲线所示，工况点移至 M_2 点，位于合理经济区域以内，电动机负荷下降，吸上真空高度在允许范围以内,所以是经济合理的。

使 $q_V—H$ 曲线下移,就是要减少水泵的富裕扬程,通过计算,并合理留有裕量后,再多余的扬程,就应该去掉。去掉多余扬程的方法如下。

a. 减少叶轮个数。多余的扬程等于一个或几个叶轮所具有的扬程时,可以减少叶轮数目。减少叶轮数目的同时,最好把中段拆除,把轴相应缩短,这样做效果最好;如条件限制也可只减少叶轮而不拆除中段或缩短轴,把拆除叶轮的位置在轴上增加一个相等长度的轴套,这样做效果要差一些,但比不拆减叶轮要好一些。

减少叶轮时,不可拆掉首级叶轮,因为这样做会增加吸入阻力,可能产生气蚀。按照后一方法减少几个叶轮时,不可连续拆减几个叶轮,而应该间隔拆减。

b. 切削叶轮外径。当多余的扬程小于一级叶轮所具有的扬程时,可以用切削叶轮外径的方法来实现。按照下式可以求出切削后叶轮的外径:

$$D' = D \times (H'/H)^{1/2}$$

式中 D'——切削后叶轮的外径,m;

D——切削前叶轮的外径,m;

H'——切削后叶轮的扬程,m;

H——切削前叶轮的扬程,m。

切削叶轮时必须注意,多级泵只能切削叶轮的外径,不能切削叶轮的前后盖板,否则效率将明显降低。

叶轮直径切削不能任意切削,切削量与水泵的比转数有关系。煤矿多级泵,比转数一般都在 60~120 以内,切削量不大于 15%~20% 时,效率基本不受影响,如超过此切削量,效率将下降。

叶轮切削后,水泵除扬程要降低外,其他参数如流量、功率都将降低,但因工况点左移,水泵运行效率将提高。

通过切削叶轮外径，可以在一种泵体内分别装几种不同直径的叶轮，提高了泵的通用性，相当于一种泵起到了几种泵的作用。

[例4—1] 某矿井设有 200D43×4 型水泵，其扬程富裕太多，经过计算，除考虑合理裕量外尚多余扬程 56 m，问欲消除多余扬程应该怎么办？

解：因多余扬程为 56 m，故可以减少一个叶轮（拆减第三级叶轮），此时，扬程仍多余 56－43＝13 m，可以再用切削一个叶轮的方法（切削第二级）来解决。已知切削后叶轮外径的计算公式为：

$$D'=D\times (H'/H)^{1/2}$$

式中 D'——切削后叶轮的外径；

D——切削前叶轮的外径，200D43 水泵的叶轮外径 $D=360$ mm；

H'——切削后叶轮的扬程，$H'=43-13=30$ m；

H——切削前每级叶轮的扬程，$H=43$ m。

故由上式可求得切削后的叶轮外径：

$$D'=360\times (30/43)^{1/2}\approx 300 \text{ mm}$$

切削量 $D-D'=360-300=60$ mm

切削率 $(D-D')\div D\times 100\%=(360-300)\div 360\times 100\%=16.7\%$

切削率在 15%～20% 之间，是允许的。

5. 降低排水管路阻力

降低排水管路阻力，将使总扬程下降 ΔH，因而功率也下降 ΔP。

$$\Delta P=(\Delta H q_{vy})\div (102\eta)$$

所以是经济的（q_{vy} 为流量）。

(1) 多管排水。根据煤矿安全规程的要求，每个矿井都必须有备用管路。为了降低排水管路阻力，应充分利用这一有利条件,将备用管路投入运行。

若原来水泵按单管选择,运行工况点正在效率最高一点运行,实行多管排水后,管路特性变缓,工况点右移,水泵效率将有所下降,但系统效率提高,因效率下降所消耗的功率小于管路阻力下降所减少的功率(ΔP),总的来看还是经济的。

阜新矿务局在海州排水坑用8号泵实测,该泵采用正压排水。测得的不同管数排水测试数据见表4—4。

表 4—4　　　　　　不同管数排水测试数据

管数 项目	1	2	3	4	5
流量(m^3/min)	4.76	5.11	5.2	5.38	5.7
单耗($kW \cdot h/m^3$)	1.98	1.88	1.87	1.75	1.71

从上表可看出,管数越多,单耗越低,所以是一种经济运行办法。

实行多趟管路排水时,必须注意如下几个问题:

1)防止电动机过负荷。实行多趟管路排水时,流量增加,电动机功率也将增加,如管路多,原配电动机功率裕度不大,有可能造成电动机过负荷。所以注意观察电动机负荷,多管排水,应在电动机容量允许范围内采用。

2)防止水泵产生气蚀。实行多管排水,流量增加,吸水管、首级叶轮入口流速都将增加,必须确保水泵入口处吸上真空高度不能超过允许值,否则将发生气蚀现象。由于各矿井具体情况不一样,有的实际吸上真空度本来不大,实行多管排水后不会发生气蚀;有的实际吸上真空高度很大,已接近允许值的上限,实行多管排水,就可能发生气蚀,效率反而降低。例如,双鸭山岭西矿实行两管排水时,水泵出现气蚀现象,故只好改为单管排水。淄博寨里矿两管(12 in)排水最经济,三管排水电耗反而上升，也是这个原因。

（2）斜井采用钻孔垂直管路排水。斜井排水管路一般都沿倾斜巷道铺设，近年来一些煤矿的斜井，排水管路沿着钻孔垂直敷设，即采用钻孔垂直管路排水，如图3—3所示。这不仅节省了管材，而且由于管路长度减少，管路阻力损失降低，因而也节约电能。阜新、焦作、新汶等许多矿区在这方面已积累了丰富的经验，也取得了很好的成绩。根据阜新局21条钻孔垂直管路与斜井管路对比，钻孔管路所需管材较少，只有斜井管路的1/4～1/3；焦作王封矿进行了测定，钻孔垂直管路与斜井管路相比可提高系统效率3％～5％，斜井倾斜度越小，效果越显著。

（3）清扫排水管积垢。排水管路使用一定年限后，管壁会附着一层积垢，随矿井水质不同，积垢形成的厚度、速度、构成也不一样。但结果都使管路有效直径缩小，管路阻力损失增加，管路特性曲线变陡，工况点左移，排水单耗显著增加。当管路积垢厚度达到水管内径的2.5％以上时，应组织对管路进行清扫。当积垢厚度达到水管内径的10％以上时，必须更换排水管路。目前常用的清理管路积垢的具体做法有棘球清扫、探水钻加装铁丝刷钻头清扫及用盐酸清洗管路等多种方法。有专门的清扫管路公司提供服务，也可以自行组织清理。

6. 降低吸水管阻力

水泵总扬程包括排水侧的排水几何高度及排水管路阻力损失扬程，还包括吸水侧的吸水几何高度和吸水管路阻力损失扬程，因此，降低吸水几何高度，减小吸水管路阻力损失，同样可以节约一定的电能。而且更重要的是改善了吸水性能，增大了水泵的气蚀余量，防止水泵发生气蚀现象，使水泵能更好地发挥效率。

（1）正压排水。将水仓布置在泵房水平以上，利用静压向水泵注水，可显著提高排水系统效率，例如，某矿采用10DK9

×2型水泵，允许吸上真空高度只有 2 m，如不采用正压排水，气蚀就很难避免。采用正压排水后，排水系统的效率平均达到63%，吨水百米单耗仅 0.43 kW·h。

采用正压排水可减少吸水方面的一些故障，如吸水管、盘根漏气，底阀漏水等。还可简化操作，启动时不必灌水，也为实现自动化创造了良好条件。

多水平生产的矿井，当在下水平排水，由上水平向下水平放水时，应用管路引导接入水泵吸水管中，以利用静压水头，节约用电。

正压排水也有一个安全问题，必须有可靠的安全措施防止一旦停电跑水或故障跑水而淹泵房。有分段排水的矿井，除了最下水平外，其他几个水平采用正压排水，都是比较安全可靠的。

(2) 高水位排水。矿井水仓有一定容积，最高水位差可达 2~3 m，水仓水位高低，对排水效率有一定影响，高水位排水等于减少吸水几何高度，故可以节约一定电力。但采用高水位排水减小了水仓有效容积，为确保矿井安全，在雨季涌水量大的矿井不宜采用这种排水方式。

(3) 无底阀排水。无底阀排水，就是取消吸水管的底阀，在水泵启动时采用其他方法把泵内和吸入管内的空气吸走而使泵内充水，然后启动水泵，即可正常排水。

由于取消底阀，吸水侧阻力减少 0.5~1 m，对于煤矿多级水泵来说，效果并不明显，一台 300 m 扬程的水泵，采用无底阀排水后，排水效率只提高 0.3% 左右；对于吸水扬程一定的水泵来说，无底阀的作用，主要在于降低吸上真空高度，防止因产生气蚀而降低效率；对于吸上真空高度已接近甚至超过允许吸上真空高度的水泵，效果非常显著。根据测定，一般可提高 1%~3%，甚至更高些。此外，实现无底阀排水还可减少因底阀漏水而发生的一些故障。

实现无底阀排水的方法很多，如采用真空泵、水环泵、喷射泵等都可以，目前大多采用喷射泵排真空（已在本书第三章第二节中进行了介绍）。

（4）及时清扫吸水井。吸水井常有泥、砂、煤等杂物流入，把水泵吸水管上的滤网堵塞或埋住，不仅增加了吸水阻力，甚至还会使水泵产生气蚀，这样，既浪费电力又影响排水工作的正常进行；泥、砂、煤粒吸进水泵后，容易堵塞叶轮流道，降低排水效率，还容易使水泵零件加速磨损，因此，矿井应根据水泵房的具体情况，制定吸水井清扫制度，并坚持执行。

第二节　《煤矿安全规程》的有关规定

一、《煤矿安全规程》对矿井防排水的要求

1. 主要排水设备应符合下列要求

（1）水泵。必须有工作、备用和检修的水泵。工作水泵的能力，应能在 20 h 内排出矿井 24 h 的正常涌水量（包括充填水及其他用水）。备用水泵的能力应不小于工作水泵能力的 70%。工作和备用水泵的总能力，应能在 20 h 内排出矿井 24 h 的最大涌水量。检修水泵的能力应不小于工作水泵能力的 25%。水文地质条件复杂的矿井，可在泵房内预留安装一定数量水泵的位置。

（2）水管。必须有工作和备用的水管。工作水管的能力应能配合工作水泵在 20 h 内排出矿井 24 h 的正常涌水量。工作和备用水管的总能力，应能配合工作和备用水泵在 20 h 内排出矿井 24 h 的最大涌水量。

（3）配电设备。应同工作、备用以及检修水泵相适应，并能够同时开动工作和备用水泵。

有突水淹井危险的矿井，可另行增建抗灾强排能力泵房。

2. 主要泵房至少有 2 个出口，一个出口用斜巷通到井筒，并高出泵房底板 7 m 以上；另一个出口通到井底车场，在此出口通道内，应设置既能防水又能防火的密闭门。泵房和水仓的连接通道，应设置可靠的控制闸门。

3. 主要水仓必须有主仓和副仓，当一个水仓清理时，另一个水仓能正常使用。

新建、改扩建矿井或生产矿井的新水平，正常涌水量在 1 000 m³/h 以下时，主要水仓的有效容量应能容纳 8 h 的正常涌水量。

正常涌水量大于 1 000 m³/h 的矿井，主要水仓有效容量可按下式计算：

$$V=2（q_V+3\ 000）$$

式中　V——主要水仓的有效容量，m³；

　　　q_V——矿井每小时正常涌水量，m³/h。

但主要水仓的总有效容量不得小于 4 h 的矿井正常涌水量。

采区水仓的有效容量应能容纳 4 h 的采区正常涌水量。

矿井最大涌水量和正常涌水量相差特大的矿井，对排水能力、水仓容量应专门设计。

水仓进口处应设置算子。对水砂充填、水力采煤和其他涌水中带有大量杂质的矿井，还应设置沉淀池。水仓的空仓容量必须经常保持在总容量的 50% 以上。

4. 水泵、水管、闸阀、排水用的配电设备和输电线路，必须经常检查和维护。在每年雨季以前，必须全面检修 1 次，并对全部工作水泵和备用水泵进行 1 次联合排水试验，发现问题，及时处理。

水仓、沉淀池和水沟中的淤泥，应及时清理，每年雨季前必须清理 1 次。

5. 水文地质条件复杂或有突水淹井危险的矿井，必须在井底车场周围设置防水闸门。在其他有突水危险的地区，只有在其附近设置防水闸门后,方可掘进。

防水闸门应符合下列要求:

(1) 防水闸门必须采用定型设计。

(2) 防水闸门的施工及其质量,必须符合设计要求。闸门和闸门硐室不得漏水。

(3) 防水闸门硐室前、后两端,应分别砌筑不小于 5 m 的混凝土护硐,硐后用混凝土填实,不得空帮、空顶。防水闸门硐室和护硐必须采用高标号水泥进行注浆加固,注浆压力应符合设计要求。

(4) 防水闸门来水一侧 15~25 m 处,应加设 1 道挡物箅子门。防水闸门与箅子门之间,不得停放车辆或堆放杂物。来水时先关箅子门,后关防水闸门。如果采用双向防水闸门,应在两侧各设 1 道箅子门。

(5) 通过防水闸门的轨道、电机车架空线、带式输送机必须灵活易拆;通过防水闸门墙体的各种管路和安设在水闸门外侧的闸阀的耐压能力,都必须与防水闸门所设计压力相一致;电缆、管道通过防水闸门墙体时,必须用堵头和阀门封堵严密,不得漏水。

(6) 防水闸门必须安设观测水压的装置,并有放水管和放水闸阀。

(7) 防水闸门竣工后,必须按设计要求进行验收;对新掘进巷道内建筑的防水闸门,必须进行注水耐压试验,水闸门内巷道的长度不得大于 15 m,试验的压力不得低于设计水压,其稳压时间应该在 24 h 以上,试压时应有专门安全措施。

老矿井不具备建筑水闸门的隔离条件,或深部水压大于 5 MPa 高压水闸门尚无定型设计时,可以不建水闸门,但必须制定防突水的措施。

6. 防水闸门必须灵活可靠,并保证每年进行 2 次关闭试验,其中1次应在雨季前进行，关闭闸门所用的工具和零配件必须专人保管，专门地点存放，不得挪用丢失。

二、《煤矿安全规程》对矿井供电的要求

1. 对井下各水平中央变（配）电所、主排水泵房和下山开采的采区排水泵房的供电线路，不得少于两回路。当任一回路停止供电时，其余回路应能担负全部负荷。上述供电线路应来自各自的变压器和母线段，线路上不应分接任何负荷。

2. 选用的电气设备，必须符合井下电气设备的选用规定（见表4—5）。

表4—5　　　　　井下电气设备的选用规定

类别\使用场所	煤（岩）与瓦斯（二氧化碳）突出矿井和瓦斯喷出区域	瓦斯矿井				
		井底车场、总进风巷和主要进风巷		翻车机硐室	采区进风巷	总回风巷、主要回风巷、采区回风巷、工作面和工作面进回风巷
		低瓦斯矿井	*高瓦斯矿井			
高低压电动机和电气设备	**矿用防爆型（矿用增安型除外）	矿用一般型	矿用一般型	矿用防爆型	矿用防爆型	矿用防爆型（矿用增安型除外）
照明灯具	***矿用防爆型（矿用增安型除外）	矿用一般型	矿用防爆型	矿用防爆型	矿用防爆型	矿用防爆型（矿用增安型除外）
通信、自动化装备和仪表、仪器	矿用防爆型（矿用增安型除外）	矿用一般型	矿用防爆型	矿用防爆型	矿用防爆型	矿用防爆型（矿用增安型除外）

　　*使用架线电机车运输的巷道中及沿该巷道的机电设备硐室内可以采用矿用一般型电气设备（包括照明灯具、通信、自动化装备和仪表、仪器）；

　　**煤（岩）与瓦斯突出矿井的井底车场的主泵房内，可使用矿用增安型电动机；

　　***允许使用经安全检测鉴定，并取得煤矿矿用产品安全标志的矿灯。

3. 井下不得带电检修、搬迁电气设备、电缆和电线

检修或搬迁前，必须切断电源，检查瓦斯，在其巷道风流中瓦斯浓度低于 1.0％时，再用与电源电压相适应的验电笔检验；检验无电后，方可进行导体对地放电。控制设备内部安有放电装置的，不受此限。所有开关的闭锁装置必须能可靠地防止擅自送电，防止擅自开盖操作，开关把手在切断电源时必须闭锁，并悬挂"有人工作，不准送电"字样的警示牌，只有执行这项工作的人员才有权取下此牌送电。

4. 操作井下电气设备应遵守下列规定

（1）非专职人员或非值班电气人员不得擅自操作电气设备。

（2）操作高压电气设备主回路时，操作人员必须戴绝缘手套，并穿电工绝缘靴或站在绝缘台上。

（3）手持式电气设备的操作手柄和工作中必须接触的部分必须有良好绝缘。

5. 容易碰到的、裸露的带电体及机械外露的转动和传动部分必须加装护罩或遮栏等防护设施。

6. 井下各级配电电压和各种电气设备的额定电压等级，应符合下列要求：

（1）高压，不超过 10 000 V。

（2）低压，不超过 1 140 V。

（3）照明、信号、电话和手持式电气设备的供电额定电压，不超过 127 V。

（4）远距离控制线路的额定电压，不超过 36 V。

（5）采区电气设备使用 3 300 V 供电时，必须制定专门的安全措施。

7. 井下低压配电系统同时存在 2 种或 2 种以上电压时，低压电气设备上应明显地标出其额定电压值。

8. 电气设备不应超过额定值运行。

井下防爆电气设备变更额定值使用和进行技术改造时，必

须经国家授权的矿用产品质量监督检验部门检验合格后,方可投入运行。

9. 防爆电气设备入井前,应检查其"产品合格证""煤矿矿用产品安全标志"及安全性能;检查合格并签发合格证后,方准入井。

10. 硐室外严禁使用油浸式低压电气设备。

40 kW 及以上的电动机,应采用真空电磁启动器控制。

11. 井下高压电动机、动力变压器的高压控制设备,应具有短路、过负荷、接地和欠压释放保护。井下由采区变电所、移动变电站或配电点引出的馈电线上,应装设短路、过负荷和漏电保护装置。低压电动机的控制设备,应具备短路、过负荷、单相断线、漏电闭锁保护装置及远程控制装置。

12. 井下配电网路(变压器馈出线路、电动机等)均应装设过流、短路保护装置;必须用该配电网路的最大三相短路电流校验开关设备的分断能力和动、热稳定性以及电缆的热稳定性。必须正确选择熔断器的熔体。

13. 矿井高压电网,必须采取措施限制单相接地电容电流不超过 20 A。

地面变电所和井下中央变电所的高压馈电线上,必须装设有选择性的单相接地保护装置;供移动变电站的高压馈电线上,必须装设有选择性的动作于跳闸的单相接地保护装置(《煤矿安全规程》第457条的规定)。

井下低压馈电线上,必须装设检漏保护装置或有选择性的漏电保护装置,保证自动切断漏电的馈电线路。

每天必须对低压检漏装置的运行情况进行一次跳闸试验。

14. 永久性井下中央变电所和井底车场内的其他机电设备硐室,应砌碹或用其他可靠的方式支护。

硐室必须装设向外开的防火铁门。铁门全部敞开时,不得妨碍运输。铁门上应装设便于关严的通风孔。装有铁门时,门内可加设向外开的铁栅栏门，但不得妨碍铁门的开闭。

从硐室出口防火铁门起 5 m 内的巷道，应砌碹或用其他不燃性材料支护。硐室内必须设置足够数量的扑灭电气火灾的灭火器材。

井下中央变电所和主要排水泵房的地面标高，应分别比其出口与井底车场或大巷连接处的底板标高高出 0.5 m。

15. 机电设备硐室内各种设备与墙壁之间应留出 0.5 m 以上的通道，各种设备相互之间，应留出 0.8 m 以上的通道。对不需从两侧或后面进行检修的设备，可不留通道。

16. 带油的电气设备必须设在机电设备硐室内。严禁设集油坑。

硐室不应有滴水。硐室的过道应保持畅通，严禁存放无关的设备和物件。带油的电气设备溢油或漏油时，必须立即处理。

17. 硐室入口处必须悬挂"非工作人员禁止入内"字样的警示牌。硐室内必须悬挂与实际相符的供电系统图。硐室内有高压电气设备时，入口处和硐室内必须在明显地点悬挂"高压危险"字样的警示牌。

硐室内的设备，必须分别编号，标明用途，并有停送电标志。

18. 在总回风巷和专用回风巷中不应敷设电缆。机械提升的进风的倾斜井巷（不包括输送机上、下山）和使用木支架的立井井筒中敷设电缆时，必须有可靠的安全措施。

溜放煤、矸、材料的溜道中严禁敷设电缆。

19. 敷设电缆（与手持式或移动式设备连接的电缆除外）应遵守下列规定：

（1）必须悬挂电缆。

1）在水平巷道或倾角在 30°以下的井巷中，电缆应用吊钩悬挂。

2）在立井井筒或倾角在 30°及以上的井巷中，电缆应用夹子、卡箍或其他夹持装置进行敷设。夹持装置应能承受电缆质量，并不得损伤电缆。

（2）水平巷道或倾斜井巷中悬挂的电缆应有适当的弛度，并能在意外受力时自由坠落。其悬挂高度应保证电缆在矿车掉道时不受撞击，在电缆坠落时不落在轨道或运输机上。

（3）电缆悬挂点间距，在水平巷道或倾斜井巷内不得超过3 m，在立井井筒内不得超过 6 m。

（4）沿钻孔敷设的电缆必须绑紧在钢丝绳上，钻孔必须加装套管。

20. 电缆不应悬挂在风管或水管上，不得遭受淋水。电缆上严禁悬挂任何物件。电缆与压风管、供水管在巷道同一侧敷设时，必须敷设在管子上方，并保持 0.3 m 以上的距离。在有瓦斯抽放管路的巷道内，电缆（包括通信、信号电缆）必须与瓦斯抽放管路分挂在巷道两侧。盘圈或盘"8"字形的电缆不得带电，但给采、掘机组供电的电缆不受此限。

井筒和巷道内的通信和信号电缆应与电力电缆分挂在井巷的两侧。如受条件所限，在井筒内，应敷设在距电力电缆 0.3 m 以外的地方；在巷道内，应敷设在电力电缆上方 0.1 m 以上的地方。

高、低压电力电缆敷设在巷道同一侧时，高、低压电缆之间的距离应大于 0.1 m。高压电缆之间、低压电缆之间的距离不得小于 50 mm。

井下巷道内的电缆，沿线每隔一定距离、拐弯或分支点以及连接不同直径电缆的接线盒两端、穿墙电缆的墙的两边都应设置注有编号、用途、电压和截面的标志牌。

21. 电缆穿过墙壁部分应用套管保护，并严密封堵管口。
22. 井下机电硐室必须有足够的照明。
23. 井下主要水泵房应安装电话机，并能与矿调度室直接联系。井下电话线路严禁利用大地作回路。
24. 矿井中的电气信号，除信号集中闭塞外应能同时发声和发光。重要信号装置附近，应标明信号的种类和用途。

25. 井下照明和信号装置，应采用具有短路、过载和漏电保护的照明信号综合保护装置配电。

26. 井下防爆型的通信、信号和控制等装置，应优先采用本质安全型。

27. 电压在 36 V 以上和由于绝缘损坏可能带有危险电压的电气设备的金属外壳、构架，铠装电缆的钢带（或钢丝）、铅皮或屏蔽护套等必须有保护接地。

28. 接地网上任一保护接地点的接地电阻值不得超过 2 Ω。每一移动式和手持式电气设备至局部接地极之间的保护接地用的电缆芯线和接地连接导线的电阻值，不得超过 1 Ω。

29. 所有电气设备的保护接地装置（包括电缆的铠装、铅皮、接地芯线）和局部接地装置，应与主接地连接成 1 个总接地网。

主接地极应在主、副水仓中各埋设 1 块。主接地极应用耐腐蚀的钢板制成，其截面积不得小于 0.75 m^2、厚度不得小于 5 mm。

在钻孔中敷设的电缆不能与主接地极连接时，应单独形成一个分区接地网，其接地电阻值不得超过 2 Ω。

30. 应装设局部接地极的地点有：

(1) 采区变电所（包括移动变电站和移动变压器）。

(2) 装有电气设备的硐室和单独装设的高压电气设备。

(3) 低压配电点或装有 3 台以上电气设备的地点。

(4) 无低压配电点的采煤机工作面的运输巷、回风巷、集中运输巷（胶带运输巷）以及由变电所单独供电的掘进工作面，至少应分别设置 1 个局部接地极。

31. 电气设备的检查、维护和调整，必须由电气维修工进行。高压电气设备的修理和调整工作，应有工作票和施工措施。

高压停、送电的操作，可根据书面申请或其他可靠的联系方式，得到批准后，由专责电工执行。

采区电工，在特殊情况下，可对采区变电所内高压电气设备进行停、送电的操作，但不得擅自打开电气设备进行修理。

32. 井下防爆电气设备的运行、维护和修理，必须符合防爆性能的各项技术要求。防爆性能遭受破坏的电气设备，必须立即处理或更换，严禁继续使用。

33. 电气设备使用的绝缘油的物理、化学性能检测和电气耐压试验，每年应进行 1 次，但对操作频繁的电气设备使用的绝缘油，应每 6 个月进行 1 次耐压试验。

油断路器经 3 次切断短路故障后，其绝缘油应加试 1 次耐压试验，并检查有无游离碳。

不符合标准的绝缘油必须及时处理或更换。油浸电气设备的绝缘油量应定期检查，并保持规定油量。

更换及试验矿用设备绝缘油应有记录。

第三节 水泵常见故障及处理

一、启动时水泵吸不上水的原因及处理方法

1. 启动时水泵内未灌水或灌水不足，泵内尚有空气。此时应停车，重新向泵内灌水，直到放气阀冒水为止。

2. 底阀漏水。可能是底阀坏了；也可能是底阀的阀板与阀座接触处被小块碎石、煤块或木块卡住，这时，可先用大锤敲击吸水管下端，振掉卡在阀座上的小块异物，如仍然不行，就应将底阀拆下检查修理。

3. 吸水口没有浸在水中或浸入水下太浅。这时只要降低吸水口，使其浸入水中一定的深度即可，但要保证吸水高度小于水泵的允许吸上真空高度。

4. 底阀堵塞。堵塞的原因有两种：一是底阀的滤网被树皮、烂绳、塑料袋等杂物包死，水不能通过；二是水仓清理不及时，底阀被水井中的煤泥、泥砂、碎石等沉淀物埋死。

解决的办法是清理吸水井或水仓。同时，为了防止底阀被堵，应在水仓外面的水沟中设置箅网，在水仓与吸水井之间也设置箅网，以阻止杂物流入吸水井。箅网应经常清扫，水仓也应及时清理。

5. 吸水管漏气。吸水管接头不严密或安装真空表处漏气，致使吸水管中的空气排不尽，造成压力表和真空表的激烈摆动。

处理的办法是找出漏气的地方进行处理，如更换吸水管接头橡胶垫圈，或将不严的丝扣重新缠绕麻线，抹好铅油后拧紧。

6. 吸水管中存有空气。吸水管特别是移动式水泵的吸水管，如果安装不当就会使吸水管中存有空气，应正确安装吸水管。吸水管安装正确与否示意图如图 4—8 所示。

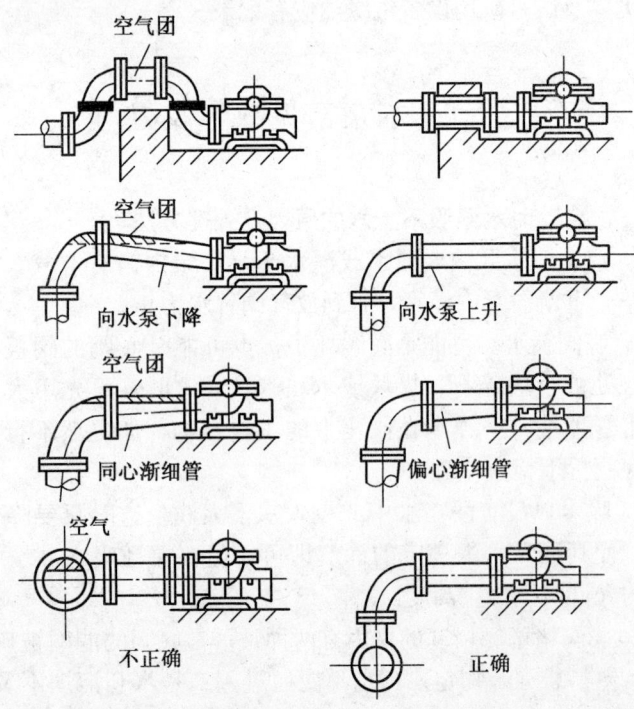

图 4—8　吸水管安装正确与否示意图

7. 吸水侧盘根漏气，造成泵内空气排不尽。盘根漏气的原因是盘根老化，或未浸透油，应更换合格的盘根。如盘根松散或压盖压不紧，也会漏气，这时应将压盖的螺栓螺母拧紧到合适的程度。

如果盘根箱在组装过程中忘了放水封圈，或者水封圈位置放错了，不能正对斜孔，或者斜孔被堵，使水封不起作用，这时应加装水封圈或正确安放水封圈。

8. 吸水高度过大。常发生在移动式排水设备中。出现这种情况时，应按水泵铭牌规定的允许吸上高度，将水泵位置向下挪动。

9. 电动机旋转方向反向。常发生在新安装的水泵或移动式排水设备中，此时压力表有指示，但排不出水。处理办法是把电动机电源线的三个接头任意倒换一对，电动机的旋转方向即可改正过来。

二、水泵启动后压力表正常指示但排水管不出水的原因及处理方法

水泵启动后压力表正常指示但排水管不出水的原因及处理方法除上述原因外，尚有下列原因：

1. 排水管路的阻力太大，应进行检修或处理。

2. 排水高度过大，超过水泵的扬程，一般发生在移动式排水设备中。应使排水高度不超过水泵扬程的范围。

3. 叶轮流道堵塞。当采用无底阀排水或滤网孔过大时，吸水井中的杂物如小木块、塑料袋等就会通过吸水管进入叶轮而堵塞叶轮流道。这时应拆下叶轮检修或更换新叶轮。

三、水泵运行时排水量太小的原因及处理方法

1. 叶轮流道局部为杂物堵塞，有的叶轮因长期使用磨损过度而损坏，应将叶轮拆下检修或更换。

2. 排水管路因锈蚀而穿孔造成漏水。解决办法是更换这段管路或用管箍包住漏水的地方。

3. 大、小口环磨损。尤其是大口环磨损超过规定量时,泄漏量就会增加,造成排水量明显减少。这时,应将排水高度降下来,闸阀未完全敞开的应完全敞开;或者更换口环。

4. 当排水管路积垢较多时,导致管径缩小,排水阻力增加,造成工况点左移,流量下降,效率下降。这时,应该清扫或更换管路。

5. 底阀局部堵塞,吸水管或吸入侧盘根漏气,处理方法同第一条的4,5,7。

6. 底阀太小,应更换为合适的直径较大的底阀。

四、水泵启动和运转负荷过大的原因及处理方法

1. 启动时没有关闭水泵排水口上方的闸阀,造成启动负荷过大。应该在启动时先关闭出水闸阀,待水泵运转正常后,再慢慢打开闸阀。

2. 泵轴弯曲,造成轴、轴套与小口环摩擦,叶轮与大口环摩擦,使得启动负荷增大。在这种情况下,可将泵轴取出来,将轴放在平台上的三角支撑块内,弯曲点朝上,用螺旋压力机压住向上的弯曲点;对轴进行校直。

3. 平衡盘不正或平衡环磨损过大。由于加工或安装的原因,使平衡盘倾斜过大,产生轴向跳动,造成平衡盘局部与平衡环相摩擦,因而启动负荷过大。应重新加工或安装平衡盘,使其符合要求。

由于要平衡轴向推力,同时平衡盘与平衡环之间要保持一定的间隙,造成泵轴向吸水侧移动,使得叶轮与口环相顶并互相摩擦,因而使负荷增加,叶轮很快磨损,水泵效率降低,甚至使水泵不能启动。应更换平衡盘及平衡环;另一个方法就是拆下平衡盘,把平衡盘尾部的调整片去除一部分。无调整垫片的可将平衡盘尾部车去一部分,去除部分的厚度大体上相当于平衡盘和平衡环磨去的厚度之和。

4. 盘根压得太紧,使得盘根得不到水流的润滑,造成盘根与泵轴套之间产生剧烈的摩擦，增加了电动机的负荷。应松一下盘根压盘，直到盘根压紧程度合适为止。

5. 联轴器间隙过小。在水泵轴向吸水侧移动时，尤其是平衡盘与平衡环磨损严重时，就会使两个半联轴器挤在一起，把轴向力传给电动机轴，增加了电动机的负荷和轴承的损坏。应增大联轴器的间隙，其值必须大于泵轴的窜量。

6. 水泵装配质量不好。由于多级水泵各级叶轮的间距不相等，使得个别叶轮与中段或口环相摩擦，增加了电动机的负荷。应在正式组装前，把叶轮与轴进行一次预装、检查和调整其间距，以避免上述现象。

五、水泵在运行中突然中断排水的原因及处理方法

1. 水井水位下降，水泵发生气蚀，造成排水中断。此时应及时停泵，待水位达到正常位置后再开泵。水泵工应经常观察水泵真空表，如果真空表指示突然变大，即为水位降低的征兆，应及时检查水位，决定是否停泵。

2. 水泵底阀突然被埋住或被塑料等杂物包裹堵死，水泵吸不上水，使得排水中断，这时真空表指示也很大，水泵工应及时停泵，清理吸水井。

六、水泵产生振动的原因及处理方法

1. 由于吸水高度超过水泵的允许吸上真空高度，底阀露出水面或浸入水面之下深度不够等原因，使泵内产生气蚀，造成强烈的振动和噪声，此时应立即停泵，查明原因，进行处理。

2. 由于安装质量不好，造成两个半联轴器不同轴，泵轴偏心旋转而产生振动。这时应重新调整电动机与水泵的同轴度，直到符合质量标准为止。

3. 泵轴弯曲或转动部分互相摩擦，导致水泵振动，此时应拆下来进行检修。

4. 轴承损坏或严重磨损，造成泵轴偏心运转而产生振动，这时应更换轴承。

5. 叶轮损坏或因其他原因造成转动部分不平衡，因而产生振动，此时应拆下来检修。

6. 水泵或电动机地脚螺栓未紧固，或基础松软，使水泵运行不稳，产生振动。处理方法为：加固基础，拧紧地脚螺栓。

7. 泵房内管路支架不牢固，产生振动，这时应检查并加固管路支架。

七、水泵轴承温度过高的原因及处理方法

1. 轴承中的润滑油或润滑脂太少或太多，都会使轴承发热。应该经常保持适量的润滑油量，采用油环带油润滑的滑动轴承，油池面一般离开轴颈的距离为轴颈直径的 1/2，或者池面的高度为油环直径的 1/6～1/4。滚动轴承用润滑脂润滑，一般当轴转数小于 1 500 r/min 时，润滑油脂量应为轴承空间的 1/2；大于 1 500 r/min 时，润滑油脂量为轴承空间的 1/3 左右。

2. 润滑油或润滑脂使用时间过长、油质过脏或有杂质，黏度或针入度过大或过小等都会引起轴承发热。按有关规定领用的油或油脂，其油质必须符合要求，脏了必须更换。一般水泵的滑动轴承使用 20 号机械油，滚动轴承使用钙基润滑脂；电动机的滚动轴承使用钠基润滑脂，两种润滑脂不能混用，因为若钠基润滑脂用在水泵上，遇到水后容易乳化成泡沫流失，而钙基润滑脂用在电动机上，温度一旦升高也会流失。

3. 滑动轴承油环不转或转动不灵活，带不上油或带上的油量不足，就会引起轴承发热，所以要经常注意检查油环，发现问题及时处理。有时，由于轴上的挡水圈损坏，使水沿轴进入轴承油池，因为水比油密度大，水沉入下部，这样油渐渐漏完只剩下水，轴承得不到油的润滑而发热。巡回检查中要及时发现问题，立即处理。

4. 轴承安装不正确，如轴与轴承配合不好，间隙过大等，都会引起轴承发热。发现后，应及时修理或更换。

5. 泵轴弯曲，泵轴与电动机轴不同轴、转动部分不平衡造

成振动,都会对轴承产生附加力而使轴承发热。

6. 平衡盘与平衡环磨损严重,使泵轴向吸水侧移动,当达到某一数值时,轴承开始承受轴向力,造成轴承发热,以致损坏。处理方法为:调整平衡盘尾部垫片或更换平衡盘及平衡环,更换轴承。

八、盘根处漏水过多的原因及处理方法

1. 盘根磨损较多,应予更换。
2. 盘根压得太松,应将压盖压紧。
3. 盘根缠法有错误,应重新缠绕。
4. 泵轴弯曲、电动机轴与泵轴不同轴,造成轴偏磨盘根而漏水,此时应校正或更换泵轴,找正联轴器,使电动机轴和泵轴同轴。
5. 水中有脏物或砂粒,它们通过水封环时就会对轴产生磨损。处理方法是:修复轴,清理吸水井和水仓,保证水质清洁,无砂粒、煤粒等杂物。

九、水泵在运行中可能出现的异常声音及处理方法

1. 新更换的滚动轴承,由于安装时径向压紧力过大,滚动体转动困难,会发出较低的嗡嗡声,这时轴承的温度会升高,应适当调整径向压紧力。
2. 若轴承内油脂量不足,轴承在运行中会发出均匀的口哨声,应补充润滑油。
3. 当滚动体与隔离架间隙过大时,运行中会发出较大的刷刷声,应更换轴承。
4. 当轴承内外圈滑道的表面或滚动体表面上出现脱皮现象时,运行中会发出间断的冲击和跳动声,应更换轴承。
5. 若轴承损坏,如隔离架断开、滚动体破碎、内外圈产生裂纹,则在运行中有啪啪啦啦的响声,应更换轴承。
6. 水泵发生气蚀时,会发出噼噼啪啪的爆裂声,应提高水泵的吸水水位。

十、水泵电动机合闸后不能启动的原因及处理方法

水泵电动机合闸后不能启动可能有两种情况，一是拆开电动机的联轴器，空载不能启动；二是电动机空载能启动，带负荷后达不到正常转速。

1. 电动机空载不能启动的原因及处理方法

（1）电动机单相运转。送电时电动机嗡嗡响，电动机不转动，用钳形电流表检查三相电流，其中两相电流大于额定电流，一相没有电流。造成单相运转的原因有：熔断器一相熔断；断路器的触点有一相不接触；启动电抗器或频敏变阻器一相端子松动或一相烧断等。应更换熔断的熔断器，检修断路器、电抗器或频敏变阻器。

（2）电动机转子与定子之间气隙不均匀而相碰。造成的原因主要是电动机轴承损坏严重或轴磨损。此时必须解体检查修理。

（3）电动机绝缘不好，启动时漏电保护装置动作。检查的方法是用兆欧表测量电动机的绝缘电阻，如电动机的绝缘电阻低于规定值，电动机必须进行干燥处理。

（4）电动机绕组匝间短路，启动时电动机启动电流过大，过流保护装置动作。应解体检查修理。

2. 电动机空载能启动运转，带负荷时达不到正常转速的原因及处理方法

（1）电源电压太低，待电压稳定后再启动。

（2）启动电抗器、电阻器、频敏变阻器的阻值太大，启动力矩小，无法启动。应该更换设备或调整阻值。

（3）定子绕组△形错接成 Y 形，造成定子绕组电压太低，转矩太小。应将定子绕组接线转换。

以上（2）（3）都是在电动机初次运转时发生的。

（4）绕线转子电动机转子绕组断线；笼型电动机转子多根断条，这时应拆下电动机转子检修。

复习思考题

1. 对排水泵工的基本要求有哪些?
2. 水泵启动前应检查哪些内容?
3. 怎样停止水泵的运行?
4. 哪些情况下应实行紧急停机?
5. 矿井排水系统经济运行主要应考虑哪些方面?
6. 水泵技术测定的主要内容有哪些?
7. 合理选择水泵工况点时应注意哪些方面?
8. 简述离心式水泵运行工况点调节的方法。
9. 简述降低排水管阻力的方法。
10. 简述降低吸水管阻力的方法。
11. 熟悉《煤矿安全规程》对排水、供电的要求。
12. 启动时水泵吸不上水的主要原因有哪些?
13. 简述水泵振动产生的原因。
14. 简述水泵轴承温度过高的原因及处理方法。

第五章 排水事故案例分析

第一节 排水事故综合分析

矿井排水设备是矿井生产的主要设备之一，从以往所发生的事故统计分析看，矿井排水事故在整个矿井事故中所占的比例虽然不大，但对事故矿井的影响是很大的，特别是大水矿井，甚至造成矿毁人亡的特大事故。因此，对矿井排水系统发生的事故进行综合分析，从而找出事故发生的原因，综合各个矿井不同的实际情况，有针对性地采取必要的防范措施，将事故消灭在萌芽状态，可最大限度地减少人身伤亡和财产损失。

矿井排水系统的事故主要发生在排水泵、配电设备（或电缆）和排水管路中，事故的类型主要表现为设备故障、停电、火灾、淹井（或淹水平）和人身伤亡事故，事故发生的原因是多方面的，但归纳起来可分为人的不安全行为（人的因素）、物的不安全状态（机械电气设备的因素）和环境条件的影响（自然环境因素）3个方面。

一、人的因素

1. 职工的技术业务素质低

有的工人特别是新工人、临时工、协议工缺乏矿山安全生产的基本知识和处理事故的能力，技术业务素质低，应变能力差，不能发现或处理现场的安全隐患，不懂得事故处理方法和逃生方法，是造成事故的原因之一。

2. 职工的安全意识淡薄

有的司泵工班中睡觉，有的缺岗、离岗，有的不进行现场交接班，有的不进行巡回检查，有的在井下用灯泡取暖，有的在井下吸烟和使用明火，有的不按操作规程操作水泵和电气设备，有的违章指挥工人作业等，是造成矿井排水事故的原因之一。

二、机电设备的因素

1. 机电设备的选择设计不合理

矿井排水及其配电设备或排水管路数量不足或匹配不合理，不能满足有关规程的规定，达不到安全排水的要求，如主排水泵没有采用双回路供电，当其中一路发生故障、停电检修、跳闸断电等情况时，水泵无法启动，就会造成淹井（或淹水平）事故。

2. 机电设备的管理工作不力

有的排水设备故障没有及时处理，维修不及时，维护使用不当，没有及时消除设备缺陷，造成设备损坏、人身伤亡甚至扩大事故引起淹井；有的电气设备失爆发生火灾和瓦斯煤尘爆炸事故，如不及时维修好待修的排水设备，当涌水量增大时，就可能造成淹井事故。

3. 防排水安全设施不齐全、不完好

有的排水设备的联轴器部位无防护罩、电动机无冷却风扇和风扇罩，有的配电设备裸露的金属部分无防护罩或遮拦，有的排水泵房无密闭门，有的无消防器材或数量不足，有的无通信设施或通信系统故障，有的高压设备操作无绝缘用具或绝缘用具不合格，有的没有配备自救器等，这些都是造成事故的重要原因。

三、自然环境因素

1. 排水泵房的通风不良，可导致电动机过热烧毁、电气设备和电缆的绝缘老化加快，进而可能引发更大的事故。

2. 排水泵房硐室内有淋水，可能造成电动机和配电设备事故。

3. 排水泵房内有可燃物、使用非矿用阻燃橡套电缆，可能造成火灾扩大等。

4. 因作业地点突水或其他涌水异常等情况，涌水量突然增大而超过矿井实际排水能力，又不能及时增加排水设备时，将会造成淹井事故。

第二节　典型排水事故案例

案例一　×矿－180 m 水泵房火灾事故

×年×月×日 16:58，×矿－180 m 水平主排水泵房，因值班司机采用灯泡取暖，引燃木板，酿成一场大火。可燃物猛烈燃烧，产生大量浓烟和有害气体，由于烟流失控，高温烟流蔓延窜到配电室、进风巷及相邻的采区，致使采区内的工作人员被突然窜入的烟流熏倒、窒息和一氧化碳中毒，共计伤亡 89 人（死亡 68 人，重伤 6 人，轻伤 15 人），直接经济损失 486 万元。

一、矿井概况

发生火灾的水泵房在×矿西部－180 m 水平，该矿井正常涌水量为 150 m³/h，最大涌水量为 210 m³/h，安装有 3 台主排水泵，泵房与井下中央变电所连在一起，均采用木支架支护，泵房与变电所之间及变电所与进风巷之间都未装设防火门。在距水泵房 60 m 处有井下火药库，当时库内存有火药 2.8 t，雷管 7.3 万发，泵房下部－400 m 水平有西一、西二两条下山，各布置有一个生产采区。采区进风巷－180 m 大巷经西一、西二两条下山进入－425 m 生产采区，回风至西一排风斜井。

该矿属高瓦斯矿井，采用对角式通风系统，由中央竖井和

一、二、三号斜井进风，经-180 m运输大巷，再经各下山至采区，经需风点后，由各采区回风上山至总回风巷经排风斜井排出。

二、事故经过

正常情况下，-180 m泵房运行1台水泵，泵房与变电所共有2个人值班。时值春季，井下泵房内空气潮湿，温度较低，两人开启1台水泵运行后，于16:00进入值班室内休息，并将值班室内两盏127 V、100 W的普通照明灯泡置于临时开设的木板床下取暖，由于烤火时间过久，16:58，木板着火燃烧，当时一个水泵司机擅自离岗，升井吃晚饭，另一个司机惊慌失措，没有及时采取适宜的措施直接灭火，而是擅自离开岗位逃生，致使火灾在一段时间内无人处理，任其发展。由于泵房与变电所均为木支架支护，火势迅速蔓延，风助火势，燃烧越来越猛烈，火种很快窜入变电所，进入-180 m进风大巷，该运输大巷内有大量的木支架和非阻燃橡套电缆等可燃物，大火很快引燃这些可燃物，12 min内火头即窜至距水泵房60 m处的火药库前门，并继续向西发展，火药库即被大火包围，造成巨大安全威胁（据专业人员估算，如果引发库内火药和雷管爆炸，将毁掉整个矿井中央和西部采区，而且使抢险救灾人员蒙受巨大伤亡），最终幸未引起火药爆炸。同时高温焰流逆着风流方向流动，逆退至为采区送风的两条进风下山，流入采区，致使两个采区的广大范围为烟流所侵袭。采区内的人员在遭遇突然灾变、毫无思想准备、缺乏自救知识和没有自救器的情况下，绝大部分因窒息和一氧化碳中毒而伤亡，死68人，伤21人。

处理这起火灾，先后出动救护队60队次、508人次，历时70 h。在处理过程中，全部下山都曾出现过再生火源，给抢救工作增加了困难，拖延了抢救时间。

三、事故原因

1. 矿井机电管理混乱，井下泵房、变电所值班室内长期采用普通灯泡照明和取暖，矿内各级管理人员熟视无睹。工人习惯性违章使用普通灯泡取暖，是造成这场外因火灾的直接原因。

2. 水泵司机临危擅自离岗、工作严重失职，水泵和配电室采用木支架支护、没有安设防火铁门、缺少消防器材（没有灭火器和灭火砂），井下大巷使用木支架支护，井下采用非阻燃橡套电缆，是火灾发生后未得到有效控制，导致事故扩大的根本原因。

3. 发生火灾后，泵房区域及西一、西二采区通风系统布局不合理，通风设施布置不全不妥，导致烟流逆推蔓延，是矿井通风系统设计和管理上的重大失误，也是造成重大人员伤亡的主要原因。

4. 矿井未编制灾害预防和处理计划，从领导到工人都缺乏应对灾变的知识和能力，大火临头束手无策，井下工人没有配备自救器，也是造成重大人员伤亡的主要因素。

四、预防措施

《煤矿安全规程》规定："井下严禁采用灯泡取暖和使用电炉""高瓦斯矿井必须采用矿用防爆型照明灯""井下必须选用取得煤矿矿用产品安全标志的阻燃电缆""井下变电所应用不燃性材料支护""机电设备硐室必须设向外开的防火铁门。从硐室出口防火铁门起 5 m 内的巷道，应砌碹或用其他不燃性材料支护。硐室内必须设置足够数量的扑灭电气火灾的灭火器材""入井人员必须随身携带自救器""煤矿企业必须编制年度灾害预防和处理计划，并根据具体情况及时修改，每年至少组织 1 次矿井救灾演习"等。这次矿井重大火灾事故的发生，就是由于这一系列的规定和要求都没有达到规程规定的要求所致。

为预防同类事故的发生，必须采取以下措施：

1. 杜绝人的不安全行为。加强安全管理，发现井下采用灯泡取暖的行为，坚决制止；抓紧培训工人，提高职工的技术素质，建立健全各项管理制度，严格按规章制度办事。

2. 消除物的不安全状态。这次火灾之所以燃烧猛烈,产生大量烟雾和有毒有害气体,主要是因为井下机电设备硐室和巷道采用了木支架支护,使用了非阻燃电缆等可燃物。所以,井下必须选用阻燃电缆供电,选用防爆照明灯具照明;机电设备硐室和巷道内应使用不燃性材料支护,并及时清除杂物,保持清洁、卫生。

3. 完善安全保护设施。泵房和变电所等机电设备硐室必须装设符合要求的防火铁门,配备足够数量的灭火器材;井下应配置合理的通风系统和安全设施,如风门及其远控启闭开关、反风设施等;要为每一个下井的矿工配备自救器,并掌握其使用方法。

4. 矿井必须编制年度灾害预防与处理计划,并认真组织学习,举行救灾演习,严格要求干部、工人掌握各种灾害事故的预防与控制措施,掌握自救互救和现场急救的方法,防止事故的发生,提高处理事故的本领,最大限度地减少人员伤亡和事故的损失内。

5. 提高装备水平。大力提倡和推广救灾专家系统(人工智能电子计算机指挥系统),在总结经验教训的基础上,制定适合我国的救灾专家系统,将事故控制在最短的时间、最小的范围和最小的损失内。

案例二 ×矿－300 m水平淹井事故

×年×月×日 18:35,×矿－300 m水平,因附近一非法小煤窑灌水,致－300 m泵房水仓被泥沙淤塞,加之水泵房值班司机操作失误,最终导致该矿－300 m水平被淹,死亡1人,直接经济损失52万元,间接经济损失386万元。

一、矿井概况

该矿属于国有煤矿,附近有一非法小煤窑,其开采水平位于－260 m水平,由于小煤窑超深越界,乱采滥挖,且只采煤不排水，使该国有煤矿煤炭资源遭受严重破坏，安全受到严重威胁。

该国有煤矿－300 m水平设计正常涌水量为800 m³/h，最大涌水量为950 m³/h，实际平均正常涌水量为830 m³/h，最大涌水量为1 050 m³/h。矿井水仓容量为1 500 m³。主排水泵房安装有4台MD450－60×3型水泵，有底阀排水，水泵额定扬程为180 m，额定流量为450 m³/h，配套电动机功率为440 kW，电压为6 kV，采用BGP9L－6A型高压真空配电装置做启动开关；泵房配电电源为双回路供电，分别来自矿井6 kV地面变电所的不同母线段，两回路电源之间有一台联络开关，正常情况下两路电源分列运行，互为备用，其中1#，2#水泵共用第一路电源，3#，4#水泵共用第二路电源。主排水管路为一趟DN400 mm无缝钢管。

距泵房80 m的运输大巷内建有防水闸门，距防水闸门15 m处安装有一张箅子门，箅子门前方5 m处有一条－300 m至－260 m已废弃的打了密闭挡墙的暗斜井。

二、事故经过

11：23，－300 m水平电机车司机发现－260 m暗斜井下部车场处的流水增大，且水质混浊，即跑到－300 m水泵房打电话给矿调度室汇报情况说："－260 m小煤窑灌水增大，请派人处理。"调度室即电话通知－300 m泵房司泵工"密切注意水势变化情况，出现异常情况及时汇报"，并向机电副矿长和安全副矿长作了汇报。机电副矿长于11：35赶到调度室，打电话向－300 m水泵司机询问水量变化情况和水泵的开启情况，得到的答复是："水量稍有增大，目前开启的3#，4#两台水泵，情况暂时正常。"安全副矿长于11：37赶到调度室，询问了有关情况后，指派两人到－260 m大巷观察小煤窑来水情况，自己则带领安全科长和督查科长到小煤窑下井查看，协商解决问题，要求小煤窑立即采取措施堵水、排水，协商未果，约300 m³/h的涌水流入该矿－260 m大巷（－260 m大巷没有排水设备），通过暗斜井的密闭墙泄水孔流入－300 m水仓。

至13:50，水量逐渐增大，水仓水位逐渐上升，水泵司机向调度室汇报，并增开1#水泵。时值地面电闪雷鸣，风暴雨骤，引起地面电源架空线接地、跳闸断电，水泵全部失电停运。约10 min后恢复送第一路电源，第二路电源因故障未处理不能送电。司泵工立即开启1#，2#水泵继续排水。14:25，－260 m暗斜井突然冲出一股泥沙水，通过大巷涌向－300 m水仓，司泵工当即向调度室作了汇报，调度室即命令电机车司机通知－300 m水平采掘工作面的工作人员迅速撤离，然后关闭水闸门。14:40，当电瓶车司机准备关水闸门时，水闸门下面有大量的泥沙不能完全关闭，工作人员也没有去清理水闸门下的泥沙杂物，水闸门处于半关闭状态，也没有向调度室汇报水闸门关不严，只关了前面的笆子门，并用铁丝缠住门页。

15:00，暗斜井密闭墙由于承受不了逐渐增大的水压力而倒塌，斜井内满巷的水约800 m³和着泥沙冲向－300 m大巷，冲开笆子门，将在－300 m观察水情的电机车司机冲倒，造成淹溺死亡。

泥沙水使东边水仓及吸水井严重淤塞，1#，2#水泵底阀被完全堵塞，水泵吸不上水，被迫停运。此时水泵司机准备继续开启3#，4#水泵排水，却发现电源开关无电，由于不知道两路电源之间有联络开关可以合上送电，只得向调度室汇报："－300 m泵房3#，4#水泵开关无电，1#，2#水泵也开不起"，然后不知所措，看着水一步步往上涨，坐等救援。恰在此时，由于雷电影响，使地面与井下的通信全部中断，失去联系。调度室即派电工2人、钳工2人迅速下井，同时机电副矿长带领机电科长、安全科长、机电队长、运输队长等人员下井处理事故。地面人员于16:10先后到达－300 m泵房，随后矿山救护队于16:30到达，此时泵房水位已涨至电动机基座下，电工迅速合上电源联络开关，叫司泵工开 3#、4# 水泵，发现 4# 水泵能够启动，却怎么也打不上水，原来 4# 水泵在突然停电时，出水闸阀没有关闭，压力水将水泵的底阀冲坏了。另一部分人清理 1#、2# 水泵的吸水井及底阀，终因错过了最佳时机而无法清空，泵房水位以每小时 0.5 m 的速度上涨，除 3# 泵外，其他水泵始终无法开启，眼看着水泵、电动机一步步没入水中，17:50，3# 泵也因电动机进水被迫停运，至 18:35，－300 m 泵房内水位深达 1.2 m，为保证人身安全，机电副矿长令全体抢险人员和司泵工撤退出井，－300 m 水平很快就被淹没。

三、事故原因

1. 小煤窑违法开采，侵犯大矿的利益，危及大矿的安全，直接往大矿井下灌水，是造成这起淹井事故的主要的直接原因。

2. 人的不安全行为。电机车司机和把钩工不执行调度命令，水闸门关不严不处理，也不汇报，任事故发展下去；水泵司机不懂电气操作，不知道合上电源联络开关送电，不主动下吸水井清理水泵吸水井和底阀，消极等待，延误了最佳抢救时机，是这次事故的主要原因。

电机车司机安全意识淡薄，没有意识到所站位置的危险性，是造成自身死亡的重要原因。

3. 物的不安全状态。暗斜井密闭墙设计不合理，不能承受 4 kg/cm^2（4×10^5 Pa）的水压，密闭墙过水孔面积太小，最大过水量为180 m^3/h（事故后分析计算）；篦子门开门方向设置不对，致使泥沙冲开本已关闭的篦子门，是这次事故发生的重要原因。

4. 抢险过程中，雷电引起地面供电电源线路跳闸、断电，致使井下 4# 水泵底阀损坏，削弱了泵房的抗灾能力；雷电击坏通信设施，使地面与井下失去联系，是这次事故的客观原因。

5. 技术管理不力，防排水设备、设施不合理，也是事故的重要原因。按照《煤矿安全规程》的规定，根据该矿井的实际情况，该矿－300 m水平必须配备MD450－60×3型水泵5台，DN400 mm排水管2趟，水仓容量应大于$830×8=6\ 640\ m^3$，而以上要求均未达到。特别是水仓容量仅为$1\ 500\ m^3$，严重不足，也是这次事故的重要原因。

泵房内没有排水系统图和供电系统图，没有安全操作规程，机电设备未实行挂牌管理，无法指导工人安全操作，反映了该矿技术管理上的漏洞。

6. 调度指挥失误。调度员发出关闭水闸门的命令后，没有接到是否已关闭的报告，也不核实是否已经关闭水闸门；当水泵司机汇报3#、4#水泵无电，不能开启时，调度员也未能正确判断其原因，是这次事故的重要原因。

7. 安全管理混乱，安全培训教育不到位。矿井未编制灾害事故预防和处理计划，工人的安全意识淡薄，缺乏应对灾变事故的知识和能力，是这次事故的根本原因。

四、预防措施

1. 非法小煤窑超深越界，与大矿抢资源、侵犯大矿利益、威胁大矿安全的行为，必须引起各级政府的重视，做到依法开采。

2. 严格安全管理，杜绝人的不安全行为。加强安全技术培训，树立"安全第一"的思想，提高工人的业务水平和操作技能，增强工作责任心，提高处理灾害事故的能力。

3. 完善安全保护装置，消除物的不安全状态。完善供电系统的继电保护和其他安全保护装置，加强对电气设备、设施的维护、检查，确保供电系统安全、可靠；井下通信系统必须装设耦合器，确保井下通信安全畅通；水泵的吸水井可安设阻挡杂物、泥沙的过滤网。

4. 加强技术管理，认真执行各项技术政策。水泵的台数必须有工作、备用和检修水泵，并保证完好、可靠；排水管路必须有工作和备用管路,其排水能力要与水泵相适应;水仓容积应符合规定,并及时清理,确保水仓的有效容积;密闭墙及泄水孔的设计和建设要满足水压和过水量的要求;篦子门的设置要符合安全要求;泵房内应张挂供电系统图、排水系统图和水泵安全操作规程等;机电设备要实行挂牌管理,以指导工人安全操作。

第三节 排水事故的预防措施

防治排水事故的措施,主要是搞好机电设备的管理、保持设备的完好,完善各种安全保护措施;加强培训教育,增强司泵工的技术素质和工作责任心,提高处理事故的能力;重视自然环境条件的影响,提高矿井的抗灾防灾能力。

一、提高思想认识,加强领导,逐级落实责任

矿井排水工作是矿井防治水的前提,特别是大水矿井,排水工作关系到矿井的生死存亡,排水及其供电系统的操作、维护、维修都具有很强的技术性,因此,各级领导务必高度重视对排水系统的安全管理,把排水供电系统的管理工作提高到重要的议事日程,从设备的选型、安装、使用、维修到管理,要建立一套完善的管理制度,实行统一领导,层层明确责任,落实到人。

二、坚持按照《煤矿安全规程》《煤矿设计规范》的规定选择和配置设备

要按照矿井地质报告提供的涌水量大小来设计排水系统,按照《煤矿安全规程》的规定配足排水泵,并合理配置排水管路和配电系统,在每年雨季来临之前,必须全面地检修一次,并对全部工作水泵和备用水泵进行一次联合排水试验,发现问题及时处理。

三、加强机电设备维护保养，落实维修责任

要定期对排水系统进行检查、测试、检修，确保机电设备完好。每天要对排水供电设备进行详细检查，发现问题及时汇报和处理，确保排水泵台台完好；排水供电系统的各种安全保护装置必须齐全可靠；每年应对排水系统的效率进行测试；认真执行设备的大、中、小修制度，设备检修要做到符合检修质量标准的要求，保证设备的安全性能和技术指标符合要求。

四、各种防排水设施及其他附属装置保持完好

各主要排水泵房要按照《煤矿安全规程》的规定设置防火密闭门，水文地质条件复杂或有突水淹井危险的矿井，必须在井底车场周围设置防水闸门，在其他有突水危险的地区附近设置防水闸门。主要水仓的容积应符合《煤矿安全规程》的规定，水仓的空仓容积必须经常保持在总容量的50%以上，及时清理水仓、沉淀池和水沟中的淤泥，每年雨季前必须清理一次，及时清理水泵吸水井中的泥沙、杂物，防止堵塞水泵底阀。加强对排水管路、闸阀、逆止阀等附属装置的检查、维护，确保正常运行。

五、加强技术培训，努力提高职工队伍的技术素质

要树立"以人为本"的理念，切实搞好对职工的技术培训工作，对在岗职工每年进行一次轮训，对新增的司泵工按规定课时进行相关的理论知识和实际操作知识的培训，不断提高其专业技术水平，保证其懂得排水设备的结构、原理，会操作、会维护保养、会检查、会排除一般的设备故障。

六、加强安全教育，落实规章制度，严格按章操作

矿井司泵工应具备初中以上文化、身体合格，具备一定的机电基础知识，经过技术培训、考试合格后持证上岗，按操作规程操作，非当班司机，不得擅自开车。要加强司泵工的工作责任心，坚持现场交接班，坚持班中设备巡查，做到不迟到、不早退、不离岗、不缺岗，对"三违"人员严格按照规章制度

进行处罚。

七、加强安全设施的管理

矿井排水泵房要按《煤矿安全规程》的规定配备足够数量的合格的防火器材，泵房内必须用不燃性材料支护，禁止堆放易燃物品；泵房内严禁采用灯泡取暖；严禁采用非阻燃橡套电缆供电；司泵工必须配备且会使用自救器，并经常检查，保证完好、有效。

八、提升质量标准化水平，为矿井排水安全打好基础

坚持按照排水泵房质量标准化的要求来管理，做到设备完好、运转正常、性能达标、安全设施可靠、安全用具齐全、规章制度齐全、图样资料齐全、记录齐全、填写认真、工人按章操作、环境卫生良好、泵房通风良好，否则追究相关人员的责任，将一切事故消灭在萌芽状态。

复习思考题

1. 矿井排水事故发生的原因归纳起来有哪几个方面？
2. 怎样预防矿井排水事故？请结合本章中的"案例一"谈谈你的认识。

参考文献

1. 国家安全生产监督管理总局编．安全评价．北京：煤炭工业出版社，2005
2. 中国统配煤矿总公司物资供应局编．煤炭工业设备手册．徐州：中国矿业大学出版社，1992
3. 国家煤矿安全监察局人事培训司编．矿井瓦斯防治．徐州：中国矿业大学出版社，2002
4. 国家煤矿安全监察局人事培训司编．顶板灾害防治．徐州：中国矿业大学出版社，2002
5. 国家煤矿安全监察局人事培训司编．矿井火灾防治．徐州：中国矿业大学出版社，2002
6. 国家煤矿安全监察局人事培训司编．矿井水灾防治．徐州：中国矿业大学出版社，2002
7. 国家煤矿安全监察局人事培训司编．抢险救灾．徐州：中国矿业大学出版社，2002
8. 国家安全生产监督管理局．煤矿安全规程．北京：煤炭工业出版社，2004
9. 王捷帆，李文俊主编．中国煤矿事故暨专家点评集．北京：煤炭工业出版社，2002
10. 李纪，池凤山主编．煤矿机电事故分析与预防．北京：

煤炭工业出版社，1991

  11. 庞永杰等. 矿井排水泵工. 北京：煤炭工业出版社，2003
  12. 陕西煤矿学校. 矿山流体机械. 河南省煤炭学校，1987
  13. 陈乃祥，吴玉林. 离心泵. 北京：机械工业出版社，2003
  14. 潘金生编. 矿山机电工操作丛书，离心式水泵司机. 北京：煤炭工业出版社，1982